しあわせになるための
「福島差別」論

池田香代子　　清水　修二
開沼　　博　　野口　邦和
児玉　一八　　松本　春野

安齋　育郎　　小波　秀雄
一ノ瀬正樹　　早野　龍五
大森　　真　　番場さち子
越智　小枝　　前田　正治

かもがわ出版

「どっちの味方なのか」

　東京電力福島第一原子力発電所（以下、福島第一原発あるいは単に福島原発と記述します）の事故のすぐあとから、福島県内で実にしばしば口にされるようになった1つの言葉があります。「分断」という言葉です。

　放射能（放射性物質）の放出が伝えられた直後から、それはもう生まれはじめました。一例を挙げましょう。あのとき私（清水）は福島大学の役員をしておりましたが、放射能汚染は学内に深刻な論争を呼び起こしました。学生を避難させるかどうかをめぐる論争です。地震の被害で公共交通機関が不通になっていましたので、大学周辺や街なかに居住している自宅外学生たちは避難が困難な状況に置かれました。そこで大学がバスをチャーターして避難させるべきだという声があがったのです。あとになって「その必要はなかった」ということになったとしても、いわゆる予防原則に沿ってまずは避難させるのが正しいとの主張は、確かに常識にかなっています。けれども私を含めて大学の執行部は、避難措置をとりませんでした。

　なぜかといえば（これは私の場合の判断ですが）、第1に、福島市内の子どもたちがまだ避難していなかったからです。避難するにしても順序があり、保育所、幼稚園、小中高の児童生徒が避難していない段階で、大学が学生の避難措置をとることはできないと考えました。第2の理由は大学が避難所になったことです。浜通りからたくさんの人たちが福島大学の体育館や合宿所に避難してきました。一方で避難者を受け入れながら、他方で学生を避難させることなど許されないと思ったのです。（この判断の前提にはもちろん、当時の放射線量に関する影響評価があったのですが、それはさておきます。）

　直感的には、「とりあえず避難」の選択が正しいと多くの人は思うでしょう。あれこれ社会的事情を考えたりするのは組織の保身を人の命の上に置く管理

3

者の発想だと、今でも言う人はいると思います。7年近くたった今日でも、あのときのわだかまりは学内で完全に解消したとはいえないかもしれない。大学だけではありません。市町村長や企業経営者も当時同じような難しい判断を迫られたはずです。自分の立場を顧みず素朴な倫理感だけで行動することがいつも正しいとは限りません。その点では、政府の避難指示で否応なく避難したケースのほうが、対処はむしろ容易であったといえます。

さらにいえば、自分の所属する組織が避難という選択をとらなかったにもかかわらず個人の判断で避難した人もいます。組織の決定や指示に背いたことになりますからただでは済まないでしょう。そのまま離職となった人もたぶん多かったと推測されます。

地域にあっても同じような事態が生まれました。事故のあと、大勢の住民がそれぞれの判断で福島県外に「とりあえず避難」しました。これは自然な行動です。しばらくして状況が落ち着くにしたがって戻る人は戻りましたが、戻らない人も多くありました。いわゆる自主避難者がたくさん生まれたわけです。母子避難で家族が2つに分かれてしまったケースも少なくありません。数年たってそろそろ戻ろうと考えても、近所の人にどんな挨拶をして帰ればいいのか、悩む人も多いと聞きます。

放射能汚染は被害者同士の間に思いがけず複雑な亀裂・対立・分断・あつれきを生みました。それはもう、想像を超える事態だといってもいいでしょう。このような悲劇はなぜ生じてしまったのでしょうか。

原因の1つは、放射線のリスク（危険性）に対する見方において社会的な一致をみることがなかなかできないことです。放射線の低線量被曝の影響に関しては専門家の間でも見解の相違があり、また伝えられる情報も玉石混交なために、素人は誰の言うことを信じたらいいのか分からない。だから社会に分断や対立が生じてしまうわけです。確かにそのとおりですが、それにしても災害の発生からある程度の時間がたち事実関係がかなり明らかになっていくにつれて、研究者同士の異なる見解もだんだんと一致に向かって歩み寄ってもよさそうなものです。ところが放射能災害ではなかなかそうはならない。見解

の相違が固定化される傾向があります。なぜでしょう。

　それは、原発事故による放射線被曝の問題が、純粋に科学論争のテーマにとどまることのできない性格を持っているからだと思います。理由は簡単です。「加害者」が存在するからです。「真偽」の問題に「善悪」の問題が加わるのです。「科学論争に価値判断が持ち込まれる」と表現してもいいでしょう。

　今度の原発事故について政府は自らの責任を認めています。東京電力も、刑事責任はともかく道義的・社会的な責任を認め賠償の請求に応じています。私たち住民は単なる「被災者」ではなく「被害者」であり、彼らは「加害者」の立場にあることを事実上自認しているわけです。そこが地震・津波の災害とは違います。要するに人災であることが明らかであるので、このことから被害の質と量をめぐる評価にも、人の立ち位置によって主観的なバイアス（偏り）の作用する余地が生まれるのです。分かりやすく表現すれば「あなたはどっちの味方なのか」という問いが、常に論者に投げかけられるようになるわけです。

　原発事故後しばらくしてインターネット上に「御用学者wiki」なるサイトが現れました。原発問題、なかでも放射線被曝の影響に関してどのような見解をもっているかでいろいろな論者を分類し、いわば悪質度をランク付けして、加害者側に身を置いているとみなした学者を吊し上げる内容でした。誰が作ったのか分かりません。反原発活動のつもりでしょうが、私などは「この種の人間が権力を握ったら世の中ひどいことになる」と思ったものです。

　「御用学者wiki」は極端な悪例というべきでしょう。しかし人を「どちら側にいるか」で色分けする思考傾向は、とりわけ放射能問題については根強く存在しています。そうして、誰であっても「被害者側にいるとみなされること」には安心感が、「加害者側にいるとみなされること」には不快感が、ともなうものです。被害者の側に立つほうが「正義」であり「人間的」であるとみるのが普通の感覚だからです。

　福島原発事故による放射能汚染の状況や放射線被曝の影響については、事故後7年近くの間にかなりのことが明らかになったと思います。さまざまな角度からそれをこの本で論じていきますが、私たちが強く望むのは「どちら側に

いるか」式のステレオタイプな（紋切型の）眼鏡をかけずに読んでいただきたいことです。そのことが、最初に述べた被害者同士の分断や対立を解消する道につながると思うからです。

　昨年（2017年）の３月末から４月１日にかけて、福島県内の避難指示が帰還困難区域を除いて大部分解除になり、避難区域の面積は当初の３分の１にまで減りました。被災地は新たな段階に入ったといえます。しかしそれと同時に厄介なことには、被害者同士の分断もまた新たな様相を見せることになりました。今度は帰る・帰らないの選択をめぐる対立です。帰りたい人が帰れるようにすることについては大方の人は肯定的ですが、帰りたくない人への支援をどうやって、どこまで続けるかが激しい議論を呼んでいます。そこにいわゆる自主避難者の処遇の問題が加わり、事態はいっそう複雑化しているともいえます。

　このところ気になる論点は「復興」をどう見るかです。避難指示が解除され住民が戻ってくることを現地の市町村は強く願っており、インフラ整備などに力を注いでいます。県も国も新たな産業政策を提起して地域の復興イメージを明るく描こうと努めていますが、こうした行政側の動きに対し、原発災害の被害を強調するサイドからは強い批判が加えられています。復興など幻想だ、幻想を振りまくのは被害者の悲惨な現状から目をそらす行為だといった見地から、もっぱら復興の障害となる要因を強調する傾向です。事故現場に関しても、燃料デブリや汚染水の処理に見通しなど立たないと決めつける。まるで事故の収束を望んでいないかのようです。ここにもまた、被災地の復興や事故現場の処理を楽観視するのは「加害者側に立つ」ものだとする思考のパターンがうかがわれます。

　人は誰でも自分のレンズを通して世界を見ています。そのレンズが歪んでいないと確信をもって言える人が、どれだけいるでしょうか。それでも私たちは、自分のレンズの歪みをできるだけ正す努力を続けなければなりません。もちろん、本書を執筆する私たちだけがその歪みから自由なわけではありませんが、私たちが基本にしているのは「先入観を排除し事実にもとづいて事柄を扱う」態度です。そのことと「被害者の人権の回復を目指す」こととは、決して矛盾

しないはずです。

　「お前はどっちの味方だ」と問う人が、なおいるかもしれません。これに対し、私たちは「どっちの味方でもない」とは言いません。そのような問い方そのものを、私たちは是としないのです。

差別といじめ

　福島県民、あるいは原発事故の時に福島県に居住していた人たちの身に、いま容易ならざる災厄が降りかかっています。それは「福島県民である（あった）ことを知られないようにして生きたい」と語る人がいる事実に、象徴的に表されています。被差別部落の出身者やハンセン病患者、そして原爆被爆者に関してさんざん指摘されてきた人権侵害が、放射能災害の被害者に対してまたぞろ繰り返されようとしていることに、暗澹たる思いを抱かざるをえません。福島県民である（あった）ことを隠しながら生きねばならないような人を、ただのひとりも生んではならないと強く思います。

　「差別」を簡単に定義すると、「社会の特定の人に対するいわれのない人権侵害」のことです。なにかしら「いわれ（理由）」があれば差別をしていいのかといえば、そんなことはありません。心身に障害を持つ人を保護したり支援したりするのは区別であって差別ではありませんが、そうした人たちを社会のお荷物扱いするのは差別です。福島原発事故に関連してここで問題にするのは、科学的根拠（「いわれ」）のない偏見をもとになされる人権侵害＝差別です。放射能がうつるといって仲間外れにしたり、人の名前に「菌」をつけて呼んだりするのは許せないと、誰でも言うでしょう。しかし事柄はそう単純ではありません。

　福島原発事故による放射線被曝が、被曝した本人の子や孫に影響を及ぼすかどうか、すなわち遺伝的影響があるかどうかについては議論があります。そして、同じように差別を排除するにしても、「影響はない」から差別をしてはいけませんというのと、「影響がありえる」からこそ差別をしないようにしようというのとでは、立脚点がまるで違います。

食品の安全性についても似たようなことがいえます。福島県産の飲食料品は、一部の山菜と川魚を除いてほぼ放射能が検出されなくなりました。けれども検出限界未満だとはいってもゼロである証拠にはなりません。そこで、「これでもう十分に安全だ」として風評被害に対抗するのと、「安全の保証はないが福島のために我慢して食べよう」というのとでは、ずいぶん違います。

　食品ばかりでなく空間放射線量からみても「福島は住めない」と論じる人が現在も少なからずいます。いわゆる自主避難者の「戻らない権利」を主張する人はそういう認識に立っていると言っていいでしょう。少なくとも、そのような認識を持つ人を一概に排斥してはならないとかれら（たとえばマスコミ）は主張するでしょう。しかし、そういう見方からすると、現に福島県に住んでいる住民は、住んではいけない場所に住んでいること、あるいはそう思われていることを認めなければならない理屈になります。とくに県内で子育てをしている親たちは、いわれなく加害者の立場に置かれることになってしまいます。

　もう1つ例を挙げましょう。一昨年の夏、日本環境会議の沖縄大会が開かれた際の全体会でのことです。司会者が「ここのお弁当は放射能フリーです」と繰り返すのを聞いて、私はがっくりきてしまいました。福島ないし東日本の食材を使っていないという意味のようで、福島の食材が綿密な検査を受けているといってもそんな検査は信用できないと考えているのでしょう。実際には、普通の食材に当たり前に放射能は含まれていますから「放射能フリーの弁当」などありえないので、言っていることがそもそも間違いなのですが、それより、沖縄差別と闘っている活動家の口から、かくもいわれのない福島への差別的発言が飛び出すことに、問題の根の深さを痛感したのでした。

　差別というのは、差別している側にその自覚がない場合の多いのが特徴です。小学生などにそれだけの分別を持てと要求するのは無理な話です。福島からの避難児童が小学校でいじめられたといったケースは明らかに親や周囲の大人の責任で、当の子どもを「いじめに負けるな」と励ましたりするのはお門違いです。また「放射線に対する誤った理解から生まれるいじめだ」とマスコミは口を揃えますが、その誤った理解を広めた責任の一端が自らに属すると

いう自覚を持っているメディアは、ほんの一部を除いてまず見当たりません。無自覚な点で、これもいかにも差別的といえます。

　私たちは、福島原発事故がもたらした放射能災害によって「福島差別」という重い社会問題を抱え込んでしまいました。最大の被害者は子どもたちです。「放射能から子どもを守れ」と声を挙げる人は少なくありませんが、「子どもを守れ」という言葉に、もう1つ重要な意味をもたせるべきなのではないでしょうか。

　原発事故がもたらした差別と分断——それを乗り越えるにはどうしたらいいか、それがこの本のテーマです。私個人の考えでは、第1に「それぞれの判断と選択をお互いに尊重すること」、そして第2に「科学的な議論の土俵を共有すること」です。いわゆる自主避難の人は自分の選択が間違っていたとは考えたくないでしょうし、避難していない人も気持ちは同じです。マスコミやSNSなどでいろんな情報に接するさいも、自分の選択を支持する言説だけを正しいものと思いたい心理が働くものです。説得によってこの壁を乗り越えるのは容易ではありません。ですから、ひとまずは互いに相手の判断や選択を尊重することから出発しないと話は始まりません。

　しかし互いの判断や選択を尊重するだけでは、その対立は固定化されてしまって歩み寄りは望めません。そこで「科学的な議論の土俵を共有する」ことが必要になります。ただし普通の住民は科学の素人ですので、専門家の言うことに耳を傾けながら自分なりに考えるほかありません。ですから専門科学者の間での公正・公平な議論の展開に期待するところが大きいのです。

　放射能災害の影響に関して、事故当初の段階で専門家の間でも意見の相違が生じたのは自然なことだったと思います。そうしてその後いろんな事実やデータが確認されるにしたがって少しずつ誤りの修正がなされ、やがてひとつの合意へと収束していくはずのものです。ところが、私が不審に思うのは「自分は間違っていた」と誠実に自己批判する専門家がとんと現れないことです。とくに、放射能被害についてさんざん不安をあおった専門家（ないし専門家もどき）の口から、そのような言葉を聞く機会に私は遭遇したことがありません。せいぜいのところ口をつぐむ程度の人が多いようです。専門家としての地位を有する人、あ

るいは専門家を自称してきた人ほど、自説を撤回することに抵抗があるのは分かる気もしますが、専門家の社会的責任はどこへ行ってしまったのでしょうか。

この本の中には、放射線被曝の健康影響や食品の安全性などについて専門的な立場から論じた部分があります。科学的な議論の土俵の上で公正・公平な議論をしたいとの思いがあってのことです。結論に異論はあるかもしれませんが、ぜひ偏見をまじえない冷静な目でお読みいただきたいと思います。

内容をざっと紹介します。第1章では福島第一原発事故がもたらした被害の全体像を独自の観点から整理しました。とくにそれが人々の間に持ち込んでしまった「分断」の内容に立ち入って考察しています。第2章は、福島県民に向けられている差別や偏見をどうすれば乗り越えられるかを考える、実体験を交えた記述になっています。反原発サイドの良心的な人々に向けて訴える内容が多く含まれています。第3章は自然科学分野の専門家による放射能・放射線についての論稿です。実際の放射線被曝の状況確認や、帰還基準・除染目標の具体的な数字に関する解説が含まれています。第4章は放射線被曝による健康被害の可能性を論じた部分で、とりわけ小児甲状腺がんの問題に詳しく触れています。専門的な内容で一般読者には難解なところがあるかもしれませんが、大事な争点ですので詳しく論じました。最後の第5章では事故現場の現状と廃炉にむけた今後の見通しと課題について論じました。

また本書には「コラム」執筆の形で幾人かの方々の寄稿をいただきました。それぞれ独自の観点からの興味深い「福島論」です。

（清水修二）

（付記）

表紙に掲げた著者14名のうち池田香代子以下6名は企画段階からのメンバーで、安斎育郎以下8名は執筆をお願いした方々です。

項目ごとに執筆者名を記し、内容については各執筆者が責任を負います。なお念のために付言しますが、原子力発電の是非に関しては執筆者によって考え方はいろいろで、その点での一致をこの本では前提にしておりません。はっきり見解を表明している記述があるとしても、それは全体を代表するものではありません。

装画／松本春野

第 1 章

福島原発事故は
どんな被害をもたらしたか

清水　修二

(1)
特殊な性格を持つ 放射能被害

自覚しづらい被害と加害

　放射能も放射線も肉眼で見えないので、よほどの高線量被曝でないかぎり自分が被害にあってもそのことを感覚で受け止められません。そして現に事故が起こって放射能が環境に放出された事実を知らされた人は、その無感覚なところを想像力でカバーしようとします。空気中に放射能がただよっていたり、地面に落ちた放射能から四方八方に放射線が発射されていたりする光景を、多くの人は頭に描きます。呼吸や食事で放射能が身体の中に入り、「核物質」直近の体細胞がチクチクと放射線で繰り返し攻撃される様子も頭に浮かんでしまいます。

　想像によってしか被害を認識できないというこの特質は、人々の不安感や行動に個人差を生じさせます。見えない災害は、鋭敏な想像力を働かせれば働かせるほど拡大して恐怖感を増幅させます。しかし他面で、人は見えない被害を無視することもできます。慣れ、という心理作用も働きます。年齢層によっても受けとめ方は異なり、高齢者は「直ちにはあらわれない被害」には比較的無頓着でいられます。

　もうひとつ、個人差を生む大きな要因は「知識」です。放射能や放射線に関する知識を持っている人とそうでない人とでは、頭に描かれる光景にかなり大きな差があります。たとえば、事故が起こってまだ間がない時期はともかくとして、それ以後はマスクを必要とするような空間汚染は通常ありません。また、放射性セシウムは体内に取り込まれると全身に分布しますし、同じ原子核からは二度と放射線は出ませんので、ひとつの体細胞が繰り返し放射線を被

曝するわけではありません。さらに人の体内には数千ベクレル（Bq）の放射能がいつも存在することを知っている人と知らない人とでは、想像される被害の光景がずいぶん違うでしょう。

　いつか分からない将来に健康被害が出るのではないかという不安も、知覚不能な被害のひとつです。これについてもまた人々の認識には個人差があります。習慣的喫煙の健康被害は 1,000 〜 2,000 ミリシーベルト（mSv）の放射線被曝に相当するとか（喫煙のせいで毎年 700 万人が全世界で死んでいるとＷＨＯは報告しています）、バナナは 1 キログラム当たり 130 ベクレル、乾燥ワカメだと 1,500 ベクレルくらいの放射能（カリウム 40）を含んでいるとか、あるいは世界には現在の福島より遥かに高い自然放射線量の地域がいくつも存在するとかいった情報に接して、被曝の不安を相対化できる人は多いでしょうが、そうでない人もまた少なくないと思われます。どんなに小さかろうと、事故によってそこに新たなリスクが追加されることは事実だからです。

　このように放射線被曝の被害は、その有無や大小をめぐる評価において一致が得にくい特質をもっています。そこで、マスコミなどを通じて「分からない」という片付け方が広く流布する結果になります。実際には、放射線被曝にかぎらず、一般にリスクについてはその「有無」よりも「大小」のほうに大きな意味があります。水道水の消毒に塩素を使うことによるリスクは、消毒しないことにともなうリスクより遥かに小さいので無視して私たちは水道を使っています。しかし私たちはそういう合理的・現実的なものの考え方を自覚的に適用しながら生活しているわけではありません。いろんなリスクを「量」の観点から見る習慣をあまりもっていないのです。

　放射能災害は、このようにその「被害」を認識しづらい特質を持っていると同時に、「加害」のほうも認識しづらいという特異な性格をもっています。ここで加害というのは、原発事故を起こしたことを指して言っているのではありません。放射能災害をめぐる不正確な情報や誤った認識から招来される差別や偏見を問題にしたいのです。また善意が裏目に出て被害者をかえって苦しめることになるケースもあり、これも加害行為の一種と呼ぶことができます。

１つの例を挙げてみましょう。福島県の県民健康調査で子どもの甲状腺がんが多数みつかっています。これが事故由来の放射線被曝によるものであるかどうかについて議論があるのは周知の通りです。そうして、「はっきり分からないのであれば、被曝の影響があるものと考えて対処するのが患者に寄り添うことである」という見解があります。そのとおりだと考える人は多いと思いますが、これは正しい見方でしょうか。

　がんが見つかった子どもさんの親の立場にたってみましょう。仮にがんが放射線被曝のせいだったとなれば、親御さんは大変苦しむことになると思います。「あのときすぐ避難しなかったのがよくなかったのではないか」「子どもを被曝させてしまった私の責任だ」と、自責の思いに突き上げられる人が多いのではないでしょうか。逆にがんが被曝のせいではなかったとなれば、病気自体は悲しむべきことですけれども、「これはしかたがない」「むしろ早く見つかって治療できてよかった」と考えることもできるでしょう。

　福島原発事故によって子どもの甲状腺がんが多発するかどうか、まだ最終的結論は出せない段階だと思いますが、今の時点で「明らかに被曝がもたらした多発だ」と強く主張する人たちがいます。かれらはそう主張することで患者やその親御さんたちの権利を擁護しているつもりなのでしょう。たしかに事故の加害者責任を追及し、医療費の負担などを政府や地方自治体に求めるのは患者の立場にたった行動です。しかしそのような主張が患者の親御さんたちを心理的にかえって追い詰め、苦しめることになるということに、気づいている人がどれだけいるか大変疑問です。

　また、昨年５月の新聞にこんな記事がでました。JA福島中央会が東京の食育フェアでアンケート調査をしたところ、福島県の農林水産物や加工品について「当初から不安はない」または「時間経過の中で不安が薄らいだ」と回答しながら、実際には県産食品を「買わない」と回答した消費者が２年連続で１割強いたとのことです（「福島民友新聞」2017.5.27）。JAはこういう消費者を「隠れ風評層」と呼んでいます。不安だから買わないのならまだしも、不安がなくても買わないという消費者心理をどう見たらいいでしょう。

ここに窺われるのは、「福島」という言葉が1つのスティグマ（烙印）と化している事実です。「理屈じゃない、イヤなものはイヤ」と言われてしまうと、言われるほうは立つ瀬がありません。この「なんとなくイヤ」という忌避の気分や空気、そこから滲み出てくる差別観は、思うに克服するのがまことにむずかしい。ついでに言えば、福島県民の多くが福島のことを「フクシマ」と書かれることに抵抗をおぼえるのも、そこにスティグマの匂いを感じるからです。

　放射能災害は、被害ばかりか加害のほうも認識しにくいという異例の事態を引き起こしました。その結果、私たちは一種特別な「倫理問題」に直面していると言うべきでしょう。

⑵ 沈殿した状態で消えない放射能不安

アンビバレントな（引き裂かれた）思い

　放射能災害は被害者同士の間にすら深刻な分断を持ち込んでいます。避難した人としなかった人、農産物の生産者と消費者、行政と住民、専門家と素人、福島県民と県外の人、賠償金支給対象者とそうでない人等々、社会の隅々にまで分断や亀裂は及んでいます。しかもそれだけではありません。放射能災害は、被害をこうむった個々人の内心まで引き裂いてしまっています。

　福島県生活協同組合連合会が「福島子ども保養プロジェクト」を事故後ずっと続けています。これまで8万人以上の親子が、全国からの支援を得て福島県内外のいろんな地域での「保養」に招待されています。ただ、このプロジェクトはスタート当初から1つの矛盾をかかえていました。事故から数年たって

なお、放射線被曝への不安が県民の間に存在しているのは事実です。ですから短期間であっても安心して外遊びができる環境に子どもを連れて行きたいと望む親は少なからずいますし、現に参加者からは大きな喜びと感謝の声が寄せられています。しかし子どもを「安全な場所」に保養に出すという行動は、福島が「危険な場所」であることを認める行動でもあります。それは農産物の生産者を苦しめ、保養に子どもを出していない（定員はむろん限られています）親を苦しめ、福島で子育てをしているすべての親を苦しめることになりはしないか。

　福島県生協連は他方で、JAと二人三脚で農地の「土壌スクリーニング」を実施してきました。そうやって県内農産物の安全性の確保と確認をすすめてきましたし、漁協の取り組みを応援し水産物の安全性もアピールしています。消費者協同組合が生産者の協同組合と手を組んで風評対策に立ち向かう「協同組合間協同」のモデルというべきでしょう。だからこそ、保養プロジェクトがはらんでいる上記の矛盾にはずっと悩んできました。今でも悩みながら続けています。

　現在の福島駅前を歩いてみると、人々の表情や街の光景は震災前と別に異なったところはありません。みんな普通に生活しています。けれども、仮にどこかのテレビ局が通行人にマイクを向けて「放射能への不安はありませんか」と尋ねたとしたら、「ある」と答える人が結構多いのではないでしょうか。日常の意識では無視できていてもマスコミに訊かれれば不安を訴える気持ち、それは私には分かります。「何もなかったことにされるのは許せない」という思いがあるのです。他方で、県外に住む親戚から「福島にいて不安はないのか」と問われたなら、「ない」と多くの人は答えるのではないかと思います。ここに住んでいるという自分の選択が間違っているとは誰だって思いたくないからです。

　農業や漁業に従事する人たちも、きっとアンビバレントな思いをかかえているに違いありません。風評被害とは、科学的な根拠がないのに生産物が売れなかったり価格が下がったりすることを指すわけですが、現に放射能汚染が生じている以上、買おうとしない消費者の行動に何の根拠もないとは言い切れません。消費者に向かっては「風評です、買ってください」と訴えたいと同時に、東京電力に対しては「実害だ、賠償しろ」と迫りたい矛盾した気持ちがありは

しないでしょうか。

『福島のおコメは安全ですが、食べてくれなくて結構です。』という刺激的なタイトルの本が出ています（かたやまいずみ著、かもがわ出版、2015 年）。福島県浜通りで「野馬土」という NPO の活動をしている三浦広志さんの言行をまとめた本です。本のタイトルは、「安全なはずのコメが売れないのは消費者の責任ではなく原発事故のためだ。私たちが一所懸命やっても売れないぶんは東京電力に賠償請求すればいい。生産者と消費者が対立することだけは避けよう」という趣旨です。「分断」を乗り越えるための 1 つのヒントが、この論法には含まれていると思います。

イメージの怖さとデマの被害

「放射能」という言葉にはなんとなく隠微な響きがあり、独特のイメージがまとわりついています。代表的なイメージは「巨大化」です。ハリウッド映画『ゴジラ』の最初のところに、科学者がチェルノブイリ原発近くの土壌に電流を通すと巨大化したミミズが団体で現れるシーンがあります。いうまでもなくゴジラそのものが、核実験の放射能が引き起こした突然変異で巨大化した生物だとの設定です。放射線を浴びると生物が巨大化するという「常識」は、一体どこから生まれたものなのでしょうか。ジュラ紀の恐竜が巨大なのは、当時の自然放射線量がいまよりずっと高かったからだと真面目に信じている人もいます。福島原発の事故のあと、京都の鴨川で見つかったオオサンショウウオの写真をインターネットにアップして、放射能で巨大化したオタマジャクシだなどと書いた人がいました。笑って済ませばいいようなものの、この「巨大化神話」は実に根強いものがあります。

放射線被曝が子孫に先天異常をもたらすという「イメージ」も吟味する必要があります。放射線が体細胞の遺伝子に損傷を与えることは広く知られていますが、この「遺伝子」という言葉が、被曝が遺伝的影響にすぐ結び付けられる一要因かもしれません。すべての細胞には遺伝子がありますが、子孫

に遺伝的影響を及ぼすのは生殖細胞だけです。そうしてヒトの細胞の遺伝子が損傷を受ける現象は主に活性酸素によって日常的に起こっており、その頻度たるや実に1つの細胞で1日あたり数万〜数十万回だということです（『放射線被曝の理科・社会』かもがわ出版、2014年、53ページ）。遺伝子を、切断されては瞬く間に修復する生体の営みはまことに驚異的です。人の身体が60兆もの細胞でできており、それも1年もすれば大部分新しい細胞に入れ替わっているといった知識も、放射線被曝に関する常識的なイメージを修正するのに役立ちます。（もちろん、遺伝情報は新しい細胞に引き継がれるので細胞が入れ替わっても病気が治るわけではありませんが、放射性物質の体外への排出には貢献するでしょう。）

　「確率的影響」ということに関してもまた、私たちの理解のほどを点検してみる必要がありはしないかと思います。低線量被曝の影響は確率的なもので、たとえば10万人に1人の確率でがん死がふえるといった言い方がなされます。これに対して「確率は10万人に1人でも、がんで死ぬその1人にとっては100パーセントの確率だ」という言い方で反発する人がいました。「ロシアンルーレットの銃口の前に自分の子どもを立たせる親がいますか」とも言われました。心情的なレベルでは、もっともな響きをもって聞こえます。

　交通事故で命を落とす日本人の数は年間4,000人ほどで、確率でいえば10万人に3.3人くらいです。具体的な数字を意識しているかどうかは別にして、なんとなく私たちはこの程度のリスクは受け入れて自動車と付き合っています。これを、「死ぬ本人にとっては100パーセントの確率だ」とか「暴走する車の前に進んで立つ人がいますか」などと言う人が現実にいるでしょうか。また、被曝によるがん死の増加は、統計的に見てどれくらいの死亡率の増大がありうるかを問題にしているわけで、ある特定の個人が放射線被曝で追加的に亡くなったことを確認できるわけではありません。「銃口の前に子どもを立たせる」というイメージは誤解を生む恐れが大きいといわねばなりません。ある確率的リスクを受け入れるかどうかという問題を、心情的なレトリック（言葉のあや）で論じるのは危険です。

　それにしても、ことが原発事故による放射能の問題になると人々が通常とは異なる心情的モノサシを適用するのはなぜでしょうか。リスク心理学ではこれ

を「恐ろしさ因子」と「未知性因子」というもので説明するようです。非日常的でいったん起これば大変な被害が発生するような災害や事故、あるいは何か自分に理解できないことが起こっているといったような場合、客観的なリスクの大小にかかわらず人はリスクを非常に大きく感じるといわれます。

そこにデマ情報が加わると、事態はいっそう厄介なものになります。福島原発事故のあと、放射能被害にまつわって実にいろんなデマが流れました。今インターネットのサイト "SYNODOS" 上で「福島関連デマを撲滅する」プロジェクトが提起されていて、福島原発事故をめぐってどんなデマや誤報が流れたかを記録し検証する作業が進められています。

大きな災害にデマはつきものです。津波の話になりますが直接私が耳にした例を紹介しましょう。福島県富岡町をバスで案内してもらったときのことです。ガイドしてくれた人がこんな話をしました。「瓦礫の下敷きになった遺体の指に、金目の指輪がはめられていたのを見た者が、指輪を外そうとして外せなかったので指を切断して持っていった」というのです。これはデマだと私にはピンときました。なぜかというと出所がすぐ分かったからです。一昨年の熊本大地震のときは「動物園からライオンが逃げた」というデマを流した者がいました。これも私には思い当たるフシがありました。

これらは1906年のサンフランシスコ大地震のさいに現地で流されたデマと瓜二つなのです。指を切断した話はそのまんま同じです。ライオンのほうは、デマを流した者が知っていたかどうかは不明ですが、「動物園のけだものが檻を出て公園に避難していた人たちを食べている」というデマが地震直後に流れたのとそっくりです(オルポート&ポストマン『デマの心理学』岩波書店、1952年参照)。ちなみに、『デマの心理学』には有名な「デマの公式」が紹介されています。デマの流布量は「事柄の重要さ」と「証拠のあいまいさ」の「積」に比例する、というものです。

原発事故に関してもたくさんのいかがわしい情報が流されました。「第一原発では何十人も放射能で死んでいると聞きましたが、本当でしょうか」と、ある人に私は真顔で訊かれたことがあります。前の双葉町長井戸川克隆氏は、2014年にロイター通信のインタビューに答えてこんなことを言っています。

「こういうことをいうのは禁じられていますが、東京電力社員も亡くなっています。けれども彼等はそれについては黙して語りません。…1人や2人ではありません。10人、20人の方々が亡くなっているという話です」。最後の「という話です」であっさり底が割れてしまっていますが、この手の根拠薄弱な未確認情報も、「真実は隠されている」という論理で信憑性を付与されることがあるので注意が必要です。

福島の事故以来、マスコミその他で「隠された真実」とか「知られざる○○」とかいったたぐいの報道や記事がしばしば見られるようになりました。真実は隠されている、裏で陰謀がめぐらされている、というような情報は人々の興味をかきたてますが、とりあえずデマゴギーの疑いをもって話半分に聞いたほうが安全です。

被害評価の政治性

福島原発の大事故が起こったことによって原子力発電の是非をめぐる議論は新しい段階に入りました。大事故は起こらないという業界や政府の論拠は事実をもって覆されましたので、反原発や脱原発を主張する人たちは勢いづきました。私自身も原子力政策には批判的な立場に立ってきましたから持論の基礎が強化されたとの思いがありました。しかしその後の事態の進行の中で、いわゆるリベラル陣営の原子力批判の論調には違和感を覚えることが多くなりました。違和感どころか反発や怒りを覚える機会がふえました。

被災地福島に対する差別的な発言はSNSなどを通じて匿名でなされることが多いので、その政治的な性格を軽々しく云々するのは控えるべきでしょうが、それらが「反原発リベラル陣営」から発せられる傾向のあることは否定できないと思います。そうしてそれらは、正義感やヒューマニズムから発せられる善意の声であると少なくとも当の本人は確信しているに違いありません。「なぜ差別だなんて言われるのか、理解できない」とかれらは言うでしょう。しかし「地獄への道は善意で敷きつめられている」という箴言もあります。

自然放射線の存在をよく考えれば「ゼロベクレル」の要求を唱えることが科

学的合理性をもたないことは誰にでも分かります。避難区域への帰還についても、年間1 mSv（あるいは毎時0.23マイクロシーベルト（μSv））基準にこだわることが避難者の利益に必ずしもつながらないことを理解している人は少なくないと思います。また、自然放射線は無害だが人工放射線は有害だなどと主張する人はさすがにもういないでしょう。それでも、たとえ1 Bqであっても拒否感を訴える人はいますし、1 mSvにあくまで固執する人もたくさんいます。

　思うに、これは科学的知識の有無の問題とは別の話なのではないでしょうか。言ってみれば、かれらの主観においては「許せる放射線」と「許せない放射線」という、政治的・社会的に区別される2種類の放射線があるのだと思います。量の問題ではないのです。原発事故によって放出された放射能は「絶対悪」であって自然の放射能とは質が違う。原発という絶対悪が生み出した放射能という絶対悪を許容するのは原発を許容することに等しい。そういうことなのではないでしょうか。

　原子力発電を許容するかどうかは1個の政治問題です。したがって原発事故による放射能・放射線を許容するかどうかも政治問題である——こう考えるのは全くの間違いではないと私も思います。微量だからどうでもいいというものではありません。無用な被曝をゼロにしたいと考えるのは当然ですし、責任者に可能なかぎり除染はしてもらわなければなりません。

　ただ被災者にとって、起こってしまった事故にどう対処するかは何よりも「生活」の問題であって、事柄の政治的性格はあくまでも二次的な問題です。その意味で「脱原発より脱被曝だ」という主張は、理論的に正しいといえるでしょう。もっとも、世の「脱被曝」論者には放射能被害を過度に強調する傾向が目立ちます。生活の次元で事柄を論じながら、結果的に被災者の生活をかえって破壊する危険性をはらんでいると感じます。

　とにかく、放射線被曝の問題は一度「原発是か非か」という政治的次元から切り離して生活の次元で論じることが肝要です。そうすることが、「差別と偏見」からお互いが自由になる道なのではないでしょうか。福島原発事故に関連して反原発リベラル陣営が一部で激しい反感を買っている最大の理由は、

「脱原発のために福島の被害は大きくなければならない」とかれらが考えているように見えることです。被曝の影響を楽観視する国連の報告書などをことさら敵視する人々の言動は、福島県民の目には「われわれが不幸になることを望んでいる」かのように映るのです。

⑶ 依然として見えない 被災地の将来

避難がもたらした被害

　放射線被曝の問題からしばらく離れて、事故のもたらした社会・経済的な被害について概観してみます。現実的に見て、福島原発事故の被害の最も大きな部分は被曝による健康影響以外のところで生じていると考えられます。そしてそれは実に甚大な被害であって、被曝の健康影響が仮に全くなかったとしても、今回の災害の大規模性を物語って余りあるものです。

　図をご覧ください。震災関連死者数の推移です（復興庁資料より作成）。宮城県や岩手県の関連死者数のピークが事故後１ヶ月ないし３ヶ月であるのに対し、福島県のそれは６ヶ月〜１年であり、その後２年目まで横ばいです。折れ線グラフを積分してみれば福島県の関連死が他県に比べ累積でどれだけ多数にのぼっているか歴然としています。一番新しい数字では 2,147 人 (2017.3.31 現在) です。これはいうまでもなく原発事故による放射能汚染で避難が長引いているからであって、要するに「避難の被害」なのです。

　事故や災害のさいに、病院や施設に入っている高齢者を急いで避難させる

ことが犠牲者をふやしてしまう結果につながることが、今度の経験で明らかに
なりました。2010年とくらべて震災・事故のあった2011年には福島県内高
齢者の死亡率が大幅に上昇してしまいましたが、その大半は避難が始まって
から短期間での死亡です。その後長期的にも高い水準が続きました。飯舘村
が「いいたてホーム」の避難措置をとらなかったのは適切な判断だったと思い
ます。もっとも浜通りでは津波の被害で停電や断水になり、おまけに物流もし
ばらく途絶えましたから、医療・福祉施設が避難の判断をしたことを不適切
だったとはもちろん言えません。いずれにせよ避難措置には大きな犠牲がとも
なうという事実を私たちは教訓として記憶する必要があります。軽々しく「避
難せよ」などと言うべきではないでしょう。

　ひとことで避難と言ってもその形は千差万別で、単に居住地が変わるだけ
の話ではありません。それは家族の分解をきたすことがあります。仮設住宅は
狭いので大家族が一緒に住むことはできません。若い者と高齢者は別々の住
まいになることが多く、高齢者は身近で家族の支えを得ることがむずかしくな
ります。広い農家に住んでいた高齢者はいきなり手狭な仮設住宅に押し込め
られて、精神的にも肉体的にも落ち込んでいきました。

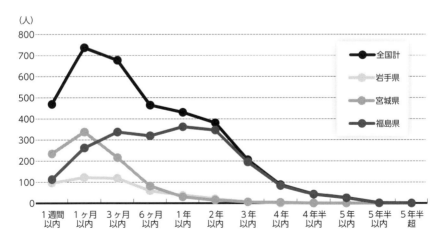

図　関連死者数

いわゆる自主避難の家族は一番大変です。一家そろって避難できるとはかぎりません。父親は仕事で現地に残り母子で避難するケースがいっぱいあります。政府の指示で避難した人には月々の賠償金（慰謝料）が出ますが、自主避難にはそういう賠償がありませんので経済的な負担は格段に大きくなりますし、夫婦の別居が長引くと家族関係にどうしてもひずみが生じます。父親不在の子育ては母親にとって大きなストレスになりましょうし、子どもにもつらい思いをさせることになるでしょう。

　子どもたちが避難のなかでどんな思いを味わうか、想像すると本当に可哀相です。かよっていた学校が休校になってクラスメートがバラバラになる。場合によっては何度も転校を繰り返し、そのつどクラスメートが変わります。学校によって勉強の進行度合いもいろいろで学力にも悪影響があったりして、ついていけなくなる子もいたでしょう。また親や家族の抱えている精神的なストレスが子どもに影響しないはずはありません。そのうえ学校でいじめられたりしたらそれこそ救われません。

　避難を強いられた人が賠償金を受け取るのは当然の権利ですが、その賠償金が人々の間に悲劇的な対立を生んでしまう現実があります。慰謝料1人1月10万円は決して多くない金額ですけれども、家族の員数次第では月々かなりの数字になりますし、それが6年も7年も続くと世間の目も最初とは違ってきます。また自主避難で受け取っていないのに「たっぷりもらってるんだろう」と賠償金をいじめの材料にされたりしています。

　ふるさとに残してきた住宅がどうなるかも問題です。浪江町からの避難者が住む福島市内の仮設住宅で懇談会を開いたことがあります。集まったのは高齢女性ばかりでしたが、「避難指示が解除になったら戻りますか」と訊いたところ一番多かったのは「若い者に任せる」という返事でした。津波で流されたり、地震で屋根が傷んで床が抜けたりした家は建て替えるしかありませんが、先の長くない高齢者がいまさら家を新築する気にはなれない。子どもが戻らなければ意味がないというのです。避難指示が解除になったら年寄りが即座に帰るだろうと考えるのは甘いということがよく分かりました。

避難指示解除が実現しても、すぐに帰る人は非常に少ないのが現状です。住民アンケートをみると「もう戻らないと決めている」との回答が若い年齢層できまって多い。また避難指示が解除になっていない帰還困難区域からの避難者がまだ２万４千人います。「ふるさと喪失」という取り返しのつかない絶対的損失は目の前の現実です。

被害の空間的広がり

　放射能被害は福島県だけでなく宮城、栃木、茨城、群馬、千葉などの地域にまで及びました。被害の空間的広がりが大きい点も今度の原子力災害の特徴の１つです。福島県内部にあっても、浜通りと会津地方とでは放射能汚染の度合いに格段の差がありますし、同じ浜通りでも双葉郡といわき市の差は非常に大きい。考えてみれば当たり前ですが、放射能汚染の広がり方と地方自治体の区画はもともと無関係です。したがって被災の範囲や救済の対象地域を県や市町村という地方自治体の区画に合わせて決める方法には最初から不合理性があります。

　一番不合理なのは帰還困難区域や居住制限区域などの線引きです。富岡町には夜ノ森公園という有名な桜の名所があります。桜並木は途中で帰還困難区域の線が引かれてその先は立ち入り禁止で、バリケードが張られています。行ってみるとよく分かりますが、その付近は道路１本を境に右は帰還困難、左は避難指示解除の扱いになっていて、その理不尽さに誰でも首をかしげてしまいます。避難者の扱いや賠償金の金額が１本の道路を挟んで右と左で違うのです。ちょうど道路を境にして汚染の度合いに差があるはずはありません。とはいえどこかで線を引かなければならないのも確かです。

　川俣町で山木屋地区だけに避難指示が出されたように、避難区域の線引きがすべて自治体の区画に合わせてなされているわけではありませんが、災害対策でいろんな行財政措置がなされる以上、自治体単位で空間を区切る方法をとるのはいくら不合理でもやむをえない面はあります。自治体の区域は行政上の区域であると同時に住民自治の区域でもあります。被災対策や復興計画に住

民の意思を反映させるために、地方自治体の区域を重視する意味はあります。

　ところで原発事故による放射能の広域汚染は、県境を越えて面倒な問題を引き起こしました。宮城県や栃木県など福島県外での汚染廃棄物（指定廃棄物）の処分問題です。環境省は各県内の国有地で最終処分する方針ですが、候補地とされた地域住民や首長の猛反対にあって立ち往生しています。立ち往生している間に廃棄物の放射線量が下がって通常のごみと同じ扱いができるようになり問題自体が自然消滅する可能性もあるとはいえ、この一件は放射性廃棄物をめぐる「ばば抜きゲーム」を象徴する事例としてよく考える必要があります。

　重要なのは「放射能のごみは福島へ持っていけ」という意見が、反対する自治体や住民から公然と出されたことです。双葉町・大熊町に建設が決まっている中間貯蔵施設に搬送し、いずれは福島原発の敷地内で最終処分する、それが「汚染原因者負担原則」に沿った処分方法だという論法は、たしかに多くの人の支持を得やすいと思います。さらにいえばチェルノブイリ原発周辺の 30 キロ圏と同じように、人の住まない区域（いわば帰還断念区域）を設けて放射能のごみはすべてそこに廃棄することにすれば、問題は簡単に片付くでしょう。おまけに高レベル放射性廃棄物の処分場としてもそこは有力な候補地になりえます。一石二鳥三鳥です。

　他方で福島県は、双葉・大熊町での中間貯蔵に 30 年の期限を設け、県外への運び出しを条件にこれを受け入れた経緯があります。最終処分はあくまでも県外でやれということです。また事故炉で取り出した燃料デブリも県外への持ち出しを想定しています。2015 年、原子力損害賠償・廃炉等支援機構が第一原発の廃炉作業の新たな戦略プランで建屋をコンクリートで覆う「石棺」に言及したことに福島県当局が強く反発し、機構がそれを撤回するという一幕がありました。高レベルであろうが低レベルであろうが、福島県としては放射能被害の固定化は御免だということであり、多くの県民も気持ちは同じです。

　放射性廃棄物処分場の立地問題についてここで詳述する紙幅はありません（興味のある方は拙著『NIMBY シンドローム考－迷惑施設の政治と経済』東京新聞出版局、1999 年をご覧ください）。ここで触れたいのは「放射能を拡散させるな」という、原発事故の直後からよく口にされている主張についてです。

震災の年の夏、京都の五山送り火で岩手県陸前高田市の薪を燃やそうとしたところクレームがついて中止になった事件がありました。極端な事例だったので記憶に残っている人が多いと思います。薪にぎっしり詰まった放射能が放散されて京都の空を覆うかのような荒唐無稽なイメージを頭に描く人がいたのかもしれません。似たような例で、宮城県の震災瓦礫を焼却処理しようとした北九州市で住民の反対が起こり、処理している最中には健康被害が頻発しているといった非科学的な噂が流されたこともありました。とにかく「放射能が拡散する」ことに対する異常なまでの恐怖感が、当時は（そして今もなお）この社会には存在しているといえそうです。

　昨年春に起こった浪江町の山火事のさいにも、二重にマスクをしろだのワカメの味噌汁を飲めだのと書きこんだネット情報が炎上しました。ワカメの味噌汁と聞いただけで投稿者の無知のほどが知れますが、なにしろ帰還困難区域の除染していない森林の火災ですから、岩手・宮城の震災瓦礫とは話が違うのはたしかです。けれども福島県内ではこの山火事で避難騒ぎが起こったりはせず、みんな冷静でした。「周辺の放射線量に大きな変化は見られない」という行政からの情報を信頼したのです。7年という時間の経過がもたらした状況の変化を感じます。

　「放射能を拡散させるな」という主張は、裏を返せば「放射能は（福島に）封じ込めろ」という主張です。「東京電力の敷地に」と言っても福島県内であることに違いはありませんから同じことです。封じ込められる側にいる者の立場で見ればこれほどひどい地域差別はない。福島第一原発の電気を使ってきたのはもっぱら首都圏の人々であったことを考えればなおさらです。しかしあえていえば福島県だって「最終処分は県外で」と主張しているわけですから五十歩百歩と言えないこともない。八方ふさがりのようなこの事態を打開するにはどうしたらいいでしょうか。

　答えがあるとすれば、やはり「科学的な議論の土俵を共有すること」以外にはないと思います。指定廃棄物にどれくらい危険性があり、最終処分でその危険はどの程度まで抑えられるのか。焼却処理ではどこまで放射性物質の環境放出を防ぐことができるのか。山火事でどの程度汚染の拡散が生じたの

か。現場の汚染水のトリチウムを海洋放出で希釈処理するのは十分に安全なのか。これらを冷静に測定し、調査し、検証するよりほか手はありません。政府・行政がそういう方法で住民や事業者を説得しようとするのを、「放射能を拡散させるな」という大雑把なスローガンを盾に拒絶するのは、問題をいたずらにこじらせ人々の対立をあおるばかりだと思います。

被災地はこれからどうなる

　楢葉町にある宝鏡寺の住職早川篤雄さんは、高齢者しか戻らない地域の先行きを悲観しています。檀家さんの年齢を考えて10年後には何人残っている、20年先には何人、と数えていくと遠からず誰もいなくなってしまう。後継ぎのこともありますが、そもそも寺の経営が成り立たない。これは宝鏡寺に限らず避難地域で共通して生じている事態でしょう。お寺がなくなってしまうことがどういう意味をもつか、考えてみなければなりません。もしかしたらそれは、地域コミュニティにとっての弔鐘を意味するといえるかもしれません。

　避難指示が解除になっても住民の帰還がなかなか進まない理由はいろいろ考えられます。少しではあっても放射能汚染が残っていること、いまだ収束しない事故現場があること、病院や商店など社会インフラがまだ整っていないこと、避難先での都市的生活の便利さに慣れてしまったこと、子どもが避難先の学校に通っていること、再就職先を離れるわけにいかないこと、などです。除染廃棄物をつめたフレコンバッグが山のように積まれている風景も住民の帰還を妨げる大きな原因になっています。福島県内に存在するフレコンバッグの数はざっと2,200万個と推定され、飯舘村だけで500万個といわれています。宅地周辺20メートルまでの除染では安心して帰れないというので、山間部の被災地では山林の除染が課題になっています。しかし除染の範囲を広げれば広げるほどフレコンバッグはうずたかく積み上がっていきますから、ますます戻れないことになってしまいます。

　元総務大臣の増田寛也氏が編著者になった『地方消滅』（中公新書、2014年）には、少子化で自治体存続が困難になるほど人口が減る市町村を色分けして

示した日本地図が載っています。しかし福島県だけは白地になっていて、原発事故のため予測できないと断りが書かれています。その後、福島県が独自に計算した市町村の人口予測が発表されました。そこでは事故前の2010年を基準にしたとき、2040年時点での人口が60パーセント以上減ると見込まれる町村が9つあるとされています。そのうち2つは奥会津の町村ですが、他の7つはすべて原発事故で住民が避難した町村です。「何も手を打たなければこうなる」という意味かもしれません。それにしても6割以上の減ですから4割未満になってしまう勘定です。しかも高齢者が多くなることは想像に難くないので、まさに「地方消滅」の標本ケースとでも呼びたくなる予測です。

　旧避難区域の復興を考えるとき、鍵を握っているのは「行政区」かもしれません。行政区は当地域におけるコミュニティの基礎単位と言っていいと思います。避難とともに住民が散らばってしまいましたから行政区も分解の憂き目に遭います。同じ行政区の住民が固まって同じ仮設住宅に住めればいいのですが、なかなかそうはなりません。戻るにしても行政区の仲間がそろって一緒に戻るわけではありません。自治体は復興公営住宅団地を用意して帰還を促すものの、元の同じ行政区の人が固まってそこに住むことにはならない場合が多いようです。帰還する住民にとって隣近所に誰がいるかは重大な関心事です。元の自宅に帰っても、夜になると周囲に全然明かりがないので寂しくてやっぱり避難先に戻ってしまったという話も聞きます。

　一度壊れてしまった地域コミュニティを再建するのは簡単ではないと考えるべきでしょう。原発に近いところほど、廃炉関係作業者だの建設業従事者だの、事故後に居住するようになった人との混住になる傾向が高くなると思われます。地域社会を一から作り直す必要があるとしたらそれは大変な仕事になり、一世代ではやり遂げられないかもしれない。それに加えて、当面戻らない住民たちとのきずなを維持することにも自治体は注力しなければなりません。役場職員の仕事はますます膨張していくでしょうが、かれらを支える自治体財政がどうなるかが心配です。2015年の国勢調査で「住民ゼロ」になった町村には特別の財政措置が講じられています。しかし避難が終わったあとの次の

国勢調査の結果がでれば、今度はそれが住民の基礎数になるでしょう。仮に
それが震災前の半分だったとしたら、財政規模も大幅に縮小してしまう恐れ
があります。独立した地方自治体として存立できるかどうかさえ問題になるか
もしれません。

　以上、この章では福島原発事故の被害の中身について、あまり数字を使わ
ずもっぱら質的な観点から考察してきました。近代以後の日本でこれだけ広範
囲に深刻な被害が招来された事例は、戦争以外にないと言っていいでしょう。
放射線被曝による健康被害が仮になくても被災地はこれまで十分すぎるほど
の辛酸をなめてきていますし、今後もそれは続きます。福島県民の気持ちを代
弁すれば、被害はもうこれ以上ふやしてもらいたくない、この上さらに風評だ
のいじめだの差別だので苦しむのは耐えがたいのです。

「である」論を侵襲する「べき」観
― 放射線被曝をめぐる混乱の源泉 ―

東京大学大学院教授　　　一ノ瀬正樹

　「オッカムの剃刀」という言葉があります。中世の哲学者ウイリアム・オッカムが展開したとされる説で、ある事態を説明したり理解したりするときに、必要以上に多くの要素や仮定を持ち込んではならない、つまり、説明や理解はシンプルであるべきだ、という考え方です。余分なものを剃刀でそぎ落とす、という比喩からこう言われています。確かに、たとえば、天動説に比べて地動説は、天体の運動をシンプルに説明できますので、地動説の方が有用であると言えるでしょう。けれども、こと人間の生き様ということになると、私は「オッカムの剃刀」は当てはまらない、それを当てはめてしまうことは有害なのではないかと感じています。人間の生き様とか道徳とかは、１つのシンプルな考え方だけで評価することはできないと思われるからです。とても厳格な先生がいたとしましょう。ある生徒にとっては、怖くて、嫌いな先生であるかもしれません。でも、別な生徒にとっては、規律を守ったときにはきちんと評価してくれる公平な先生に感じられているかもしれません。さらには、長い目で見たときには、そのときはいやだったけれども礼儀が身について結果的にはよかったということになるかもしれませんし、逆に、杓子定規な態度が身について融通性がなくなってしまったというようにネガティブに取られるかもしれません。「禍福はあざなえる縄のごとし」とか、「人間万事塞翁が馬」ということわざは、こうした人間の事柄の複雑性をうまく表現しているように感じられます。私は、人間の生き様や道徳について説明したり理解したりするときには、シンプルさではなく、こうした複雑性をきち

んと心に留めて対応すべきだと確信しています。シンプルに理解しようとすると、多くのことを切り捨てすぎて、かえって説得力のない、それどころか暴力的な言説にさえなってしまうのではないでしょうか。

　さて、いま「禍福」という言葉に言及しましたが、そうした幸・不幸ほど、人間の生き様にとって本質的なことはないでしょう。「しあわせ」、誰もがそれを望んでいるのです。「しあわせ」を実現するやり方こそが、道徳的に正しい方策だ、という考え方が倫理学の強力な立場の1つにさえなっています（大福主義あるいは功利主義）。けれども、それでは「しあわせ」って何なのですか、と問われて、明確に答えられる人がいるでしょうか。難しいのではないでしょうか。それでも、たぶん、必要条件のようなものは答えられるでしょう。治安、安全、健康、平和、公正、雇用などなど、それが成り立っていなければそもそも「しあわせ」にはなれないようなインフラ的な条件です。実際、この点から、「しあわせ」というのは、自分の中だけで成立し完結するものではなく、他者との関係に依存していることが分かります。治安、安全、平和、雇用などが他者に依存していることは明白でしょう。しかし、これはあくまで「しあわせ」になるために必要なだけで、それさえあれば十分に「しあわせ」になれる、というわけではありません。平和な国に住む健康で裕福な人だって、はたからみてしあわせそうに見えても、本人はそう感じていないことなど、ままあります。そうなのです、「しあわせ」は、外的な条件に左右されつつも、あくまで本人の感じに究極の基準があるものなのです。したがって、それはとても不安定です。なにしろ、感じ、なのですから。しあわせだと思ったとしても、それが永続するわけではありません。すぐに、その状態に慣れたり、時間の経過とともに状況が変化したりして、しあわせは手元から離れていってしまいます。

　それに、もっと留意すべきことがあります。それは、「しあわせ」は競合することがあるということです。つまり、ある人の「しあわせ」は、別の人の不幸の犠牲の上に成り立っていることがしばしばある、ということです。自分が大学に合格し、「しあわせ」を感受しているとします。しかし、それは誰

か別の人が試験に落ちて、不幸に陥っていることを意味します。あるいは、単に、自分の「しあわせ」に対して、嫉妬して不幸を感じている人がいるかもしれません。事ほどさように、「しあわせ」は、移ろいやすく、しかも諸刃の剣のような暴力性も持ちうるのです。この複雑性をしかと受け止めること、ここから人間についての理解は出立するべきです。

こんなことを改めて実感したのは、2011年3月の東日本大震災と福島第一原発事故の後でした。「しあわせ」ではない状態が出現してしまいました。津波震災による死者、震災関連死、そして多くの困難を抱えた避難者。ついその前まで、平和でしあわせな日常に暮らしていた多くの方々が、その「しあわせ」を突如奪われてしまいました。足かけ7年が経ったいまでも、苦難は続いています。そうした苦難は、被災地に暮らす方々を中心にしつつも、福島県外へも広がっていきました。原発や放射線被曝をめぐって、多くの対立や差別、根拠のない噂や誹謗中傷が発生してしまったのです。多くの要因が考えられます。飛散した放射線量の情報不足、放射線被曝に関する知識と教育の不足、量的思考の欠如傾向、予防原則概念への浅薄な理解、避難行動の危険性についての知識不足、さらにそもそもでいえば、原発事故を招いた予備電源設備の不備、原発安全神話に寄りかかった避難訓練欠如など、多様な要因が折り重なって、被災地の方々の直接的被害や、それ以外の地域の方々も巻き込む混乱が生じてしまいました。私たちは、残念ながら、総じて、必ずしも「しあわせ」とはいえない7年間を送ることになってしまったのです。

私は福島をルーツとする人間です。福島が「しあわせ」な状態に復帰することを切に願っています。そうなるためには、何が根本的な問題なのかを、自身の専門領域である哲学の観点から明らかにすることが必要だと考えています。簡潔に言ってしまうと、私は、事故後の現状、とりわけ放射線と被災者の避難生活に関する事実、すなわち、被災地が事実としてどうなのかという「何々である」という事実の認識に、本来はそれとは区別して考えなければならないは

ずの、「何々すべき」という規範や価値観が、ある種の病のように侵襲してしまったことが根源的な問題だったのではないか、と理解しています。それが、私たちの「しあわせ」を阻害してしまった源泉なのではないでしょうか。「である」と「べき」の区別というのは、こういうことです。たとえば、ある少年が毎日のようにクラスメートから殴られているとします。殴られているというのは、現に起こっている事実です。殴られているの「である」、というわけです。けれど、だからといって、殴られる「べき」だ、と言えるでしょうか。言えない、のではないでしょうか。あるいは逆に、殴られる「べき」でない、だから、少年は殴られていないの「である」、と言ってよいでしょうか。当然、それも言えないでしょう。もう1つ、時速60キロ制限の道路を考えてください。そこで、ある車が時速70キロで走行していたとします。その場合、事実として、時速70キロで走行していたの「である」、わけです。しかし、だからといって、時速60キロ以内で走行す「べき」だというルール、がキャンセルされてしまうでしょうか。キャンセルされると考えることは、「である」と「べき」の誤った混同と言うべきでしょう。

　類似のことが、震災・原発事故後の福島において発生してしまったと私には思われます。福島での放射性物質拡散については、不幸中の幸いと言うべきか、いまでは健康に影響するほどの量ではなかったことが事実として、つまり「である」として、決着しています。多くの方々の現地での真摯な調査のおかげです。福島に住み続けることで受けるであろう被曝線量は、外部被曝・内部被曝両方において、健康影響が出る量ではありません。住み続けても問題はないし、福島の農産物についても、きわめて注意深く検査をした後に出荷しておりますので、むしろ他地域の産物よりも安全なくらいです。こうした事実の意味については、私たちが日常的に（日本中どこにいても）受けているデフォルトとしての放射線被曝、喫煙などの他のリスクとの比較、世界の多くの場所での放射線量との相対化、などによって、「知ろうとすること」をいとわなければ、ほぼ論理的な真理とも言える確度でもって誰でも理解できます。福島

原発事故は、こと放射線被曝についての事実に関しては、健康影響の出ない程度であった、というのが事実なのです。これをそのまま受け取る限り、実は、後知恵で振り返ると、福島の被災者、そしてその他の方々の生活から、「しあわせ」が奪われる割合はそれほど大きくならなかったはず（残念ながら津波震災の被害は減らせないでしょうが、避難関連の被害はかなり減らせたでしょう）ではないかと思われます。本当に悔やまれることでした。亡くなられた方々には、心よりご冥福をお祈りいたします。

　なお、放射性ヨウ素による初期被曝に関しては、いろいろと論議がありますが、甲状腺がんの発見については放射線被曝とは独立のスクリーニング効果による過剰診断だということがおよそ同意されていると思われます。過剰診断とは、病変が発見されても死亡率に影響しない場合のことを指します。韓国で健康診断に甲状腺の検査を項目に入れたところ、甲状腺がんの発見数がそれ以前に比べて 10 倍以上にもなりましたが、死亡率には変化はありませんでした。それも過剰診断の例です。もっとも、私は個人的かつ素朴な感想として、そういう病変をそもそも「病」変として抜き出すことが妥当なのか、という疑問を少し抱いています。たぶん、「健康」とは何か、という根本的な問題がここには横たわっているように思われます。

　ともあれ、しかし、ある方々にとっては、事態はそんなに簡単なものではなかったようです。なによりも、これが「原発」による「放射能」が問題となる事故だった、ということが重大な影響を及ぼしたようです。おそらく、原発というのは権力がないと創設できないという意味で権力の象徴である、プルトニウムなどの原発の放射性物質は核兵器への軍事転用が可能である、そしてむろん、放射能は量によっては危険である、といった点で（これらは確かに「である」に属する事実でしょう）、反骨精神の平和主義（それはそれで1つの見識です）を志向する一部の方々にとって、「原発」の「放射能」はすなわち否定される「べき」悪である、という価値判断があったのでしょう。そうし

た「べき」が、本来それとは独立に捉えられなければならないはずの「である」の事実認識に侵襲していきました。福島原発事故による放射線被曝は危険である「べき」だという立場がひそかに取り入れられ、福島における放射線被曝の危険性を「である」としての事実以上に強調する言説が広がりました。

　自然放射線と人工放射線は違う（本当は、アルファ線、ベータ線、ガンマ線といったレベルで違いはありません）、放射線被曝の健康影響は低線量でも何が起きるか分からない（本当は、影響が小さすぎてどういう影響があるか分からないのです）、放射能安全論を提唱する研究者は電力会社から資金を得ている「御用学者」である（本当は、「放射能安全論」などを主張する研究者は皆無です。放射線は量によっては危険なのは誰もが認めています）、「経済」より「いのち」の方が大切だ（本当は、現代世界の最大の問題は「貧困」であって、「貧困」のゆえに多くの「いのち」が危険にさらされているのが冷厳な事実です。そういう意味で「経済」と「いのち」は分けられません。それに、もし肉食をしている人が、いのちは大切だ、と言っているとするなら、偽善性は免れないでしょう）、といった論点がおもなものだったでしょうか。これらは、「である」に属する事実を正しく認識している言説ではまったくなく、むしろ、「である」を、原発・放射線は悪であり拒否される「べき」だという価値観によってねじ曲げてしまった言説です。原発以外でも、放射線は様々な形で私たちの社会で有効活用されていることに鑑みても（医療は言うまでもなく、ジャガイモの芽の抑制とか、自動車タイヤへの利用とか）、大変に不幸なことでした。このことは、原発や放射線といっても、その経緯や意義は複雑なのに、「オッカムの剃刀」のごとく、善と悪というシンプルな二分法で切り分けてしまった、とも表現できるかもしれません。原発・放射線の悪を一律に糾弾することが善なのだ、ということでしょうか。

　けれども、「しあわせ」の複雑性がここに現れます。放射線の危険性を強調する言説は人々に訴えかける力が大きいものでした。普段はあまり直面しないリスクについて、私たち人間は、それにことさら注目し、一般に流布

している既存のイメージで危険性を大きく見積もる性質を持っているからです。「利用可能性バイアス」などと呼ばれます。その結果、原発や放射線に対する特定の価値観に基づいて、その危険性を強調する方々は人々からもてはやされました。本も売れたでしょう。ある意味でそうした方々は「しあわせ」を享受したのではないかと思います。けれども、これは、逆の面から見ますと、福島に住み続ける方々や、御用学者などと呼ばれる方々の犠牲の上に成り立つ「しあわせ」でした。福島に住み続ける方々は、放射線の危険性を強調する言説によって、子どものいのちをどう思っているのか、女の子は将来子どもが産めなくなってしまうではないか、といった心ない非難を受ける羽目になってしまいました。まったくの、事実に反する批判です。さらには、量の概念とは無関係に、放射線は危険だ、不安に思うのは当然だ、と喧伝された方々の一部は無理な避難行動に誘引され、困難な状況に置かれたり、避難生活の中で健康を害したり、自死に至ったりしてしまいました。無理な避難に由来する問題は健康問題だけではありません。経済的問題、教育問題、さらには夫婦関係の問題など、多岐にわたります。いずれにせよ、福島では、津波震災による直接死よりも、避難関連死の方が上回ってしまったのです。福島原発事故の被害とは、実のところ、放射線被曝によるものではなく、避難生活に起因するものだったのです。この点は、大方の人々にとって既知のこととなってきていると思います。

　放射線被曝の専門家たちも散々な批判を受けました。私でさえ（御用学者では到底ありません）、そうした犠牲を強いられました。2011 年の夏に震災・原発事故に関する研究会を行いました。そこで私は、なぜ人々はまだ何も被害が顕在化していないのに不安を感じるのか、それは晩発的にがん死してしまうことに対する恐怖心からであると、つまり問題の根底に死への恐怖があるからであると、前置きとして述べた上で、多少の議論を展開しました。しかし、そこでとある活動家風の方から「なぜ不安がるのか、という問いは、本

来理由を問われるべきでない不安感を、問われるべきものへとおとしめる不適切な問いである」と難詰されました。明らかに文脈を無視した支離滅裂な批判です。しかも、私の専攻する哲学では、当たり前に思われるものでさえ問いを向けるというのは常道です。たぶん、この活動家風の方は哲学を教養として身につける機会がなかったのでしょう。痛ましいことでした。それに、哲学とまでいわずとも、不安の理由を探ることを禁じては、心療内科などは成立しません。それとも、放射線被曝に関する不安は、その他とは比べようもない、特権的な不安だ、ということなのでしょうか。理解を絶した狂気じみた考えです。実際たとえば、雇用についての不安は人の全人生に関わる重大な不安です。いずれにせよ私は、このような、とんちんかんな批判をされたわけですが、それだけでは終わらず、この方は、その後も私を名指して批判を繰り返し続けていきました。その執拗さに、私自身恐怖を覚えました。とても「しあわせ」とはいえない状況に置かれてしまったのです。

　私は、このような明白な形で（自覚的と言ってよい形で）、事実認識の歪曲と他者の犠牲との上に成り立つ「しあわせ」は、一種の病理だと思います。病人として扱われなければならないご本人たちはお気の毒ですが、ぜひ、治癒を果たし、別種の「しあわせ」を味わってほしいと願っております。それに実際、他の人々に害を与えているわけですから、事態の変更がぜひにも必要なのです。そういう病的な状態の「しあわせ」は、それゆえ、ほんのひとときの「しあわせ」でしかないのではないかと、いや、つかの間の「しあわせ」でしかないのでなければならないと思います。ただ、ここで難しいのは、他者の犠牲の上に成り立つ、ほんのひとときの、という形容句は、すでに述べたように、そもそも「しあわせ」というものの性質の一部なのだ、という点です。しかも実を言いますと、私はこれまで「である」論と「べき」観とを区別してきましたが、厳密に言うと、それも怪しいところがあるのです。たとえば、「気が利く人である」という記述を考えてください。これは事実としての「である」でしょうか。確かにそうです。たとえば、

誰かが欲していることを察して動いてくれる人がいるという事実の情景を、「である」として記述しているのだと思われます。けれども、問題は、普通「気が利く人である」と述べるときは、「これこれの場合には気が利く人であるべきだ」という評価が伴われているという点です。これは、たとえば「警官である」という描写にも当てはまります。それは事実描写であると同時に、「これこれの状況では警官である（警官としての振る舞いをする）べきだ」といった価値判断を伴っているでしょう。かくのごとく、実は、「である」と「べき」とは、完全に別個なものとして区分けされているわけではなく、重なり合うところが間違いなくあるのです。

　それでは、放射線被曝の「である」に属する事実を、特定の考え方に基づく「べき」の価値観を混ぜて理解する、ということは許容されるということになりましょうか。私は、ならない、と確信します。「である」と「べき」は重なることがあるとしても、同一ではありません。おそらく、重なり具合の「程度」があります。色のスペクトルのようなものです。スペクトルでは、隣接部分同士の区別は曖昧で重なり合っていますが、紫と赤の両端は確かに異なっています。かりに紫に向かう部分を「べき」観の領域とし、赤に向かう部分を「である」論の領域であるとたとえてみるなら、真ん中部分は「である」と「べき」が重なり合っている部分ですが（「気が利く」とか「警官である」などがそこに位置するでしょう）、両端に向かうほど相違の程度が大きくなっていきます。このたとえでいうと、福島原発事故に関する放射線被曝についての「である」は、赤に近いところにある明白な事実としての「である」だと思います。物理的・生理的事実であって、価値評価の混ざりにくい事柄だからです。こうした「である」に対して、「べき」観のほうに無理に引きつけて評価することは、実態とかけ離れた言説であると言えるでしょう。しかし残念ながら、この７年間、そうした言説が跋扈したのであり、それは道徳的に許容できる範囲を越えていました。実際、そうした「である」と「べき」の混合が重大な被害を及ぼしてしまったわけです。到底許されるものではありません。放射線の危険性を強調した方々には、道徳的

な意味で（本来なら刑法的にさえ問うべきでしょう）、強く自己批判を求めたいと思います。うやむやにしては、多くの方々の不幸が固定されてしまいます。

　むろん、人間の生き様が「オッカムの剃刀」を当てはめることのできない複雑なものであり、それゆえ、たぶん、放射線の危険性を過度に強調する立場にも一分の理があるのではないかとも思われますし、そうした立場は同様な状況ではつねに自然と生じうるのかもしれません。実際、病に陥るのも人間の自然です。しかし、そうした自然性は、そのような立場が及ぼした負の影響を相殺するには到底及ばないと感じます。彼らに、こうした負の影響の非道徳性をぜひ認識していただいて、まずは、「である」としての福島の事実やデータを率直に受け入れることによって、自己批判をしてもらうことで（たぶんそうすることが治癒につながるのだと思います）、晴れて、私たちの「しあわせ」は、完全に永続的な形は無理だとしても、復興されていくと思います。実際、事実をそのまま事実として受け取ることができるようになることは、それを価値観によって歪めてきた方々自身にとっても晴れやかで公明正大であるという爽やかな気持ちをもたらし、高階の「しあわせ」をもたらしうるのではないでしょうか。そしてそれは、周りの人々にも伝播していきます。私たちは同胞です。一緒に「しあわせ」に暮らしていけるはずですし、そうすべきです。実際、「しあわせ」は、個人内部の満足にとどまることなく、「しあわせ」の本性からして、他者との相互的感染において一層実体的なものになるのだと思います。その具体的な例が、人の役に立っていると感じるときの「しあわせ」でしょう。人をおとしめたり犠牲にしたりして味合う「しあわせ」に比べて、なんと心地よい「しあわせ」でしょうか。

　むろん、そういう「しあわせ」とて、本質的に不安定であることを免れないでしょうし、新たな競合が発生することも不可避でしょう。しかし、永続的な「しあわせ」などという無理な望みを追いかけても詮方ありません。「禍福はあざなえる縄のごとし」ですが、いまは「災い転じて福となす」としたいと希望

しています。まずは、当面の不幸を解消するために、福島の事実を価値観に
よって歪曲してきたことに対する自己批判を、ぜひどうかよろしくお願いいた
します。同時に、事実を事実として記述しようとしてきた方々にも、発信方法
に不備があったかもしれません。そちらの側の自己批判・自己検証も必要だと
思います。それらが果たされれば、私たちは互いの理解を深め合い、高度な「し
あわせ」を実現できるでしょう。私は、すべての人々が、互いに「しあわせ」
になる資格を持っているはずだと信じています。実際、そうならなければ、津
波の中でいのちを失っていった方々も浮かばれないのではないでしょうか。

参考文献

土居雅広・神田玲子・米原英典。吉永信治・島田義也 2007.『低線量放射線と健康影響』、医療科学社

Hayano, R., Tsubokura, M., Miyazaki, M., Satou,H., Satou,K. Masaki, S. and Sakuma, Y. 2013.
"Internal radiocesium contamination of adults and children in Fukushima 7 to 20 months
after the Fukushima NPP accident as measured by extensive whole-body-counter
surveys". *Proceedings of the Japan Academy Series B, Physical and Biological Sciences* 89:
157-163.

Hoeve, T. and Jacobson, M. Z. 2012. "Worldwide health effects of the Fukushima Daiichi
nuclear accident." *Energy & Environmental Science*, DOI：10.1039/c2ee22019a

一ノ瀬正樹 2013.『放射能問題に立ち向かう哲学』、筑摩選書

一ノ瀬正樹 2015.「「いのちは大切」、そして「いのちは切なし」―放射能問題に潜む欺瞞をめぐる哲学的
再考一」、『論集』第33号、東京大学大学院人文社会系研究科哲学研究室、pp.1-48.

Ichinose, M. 2016. "A Philosophical Inquiry into the Confusion over the Radiation Exposure
Problem". *Journal of Disaster Research* Vol.11 No.sp, September 2016.770-779.

児玉一八・清水修二・野口邦和 2014.『放射線被曝の理科・社会』、かもがわ出版

Shuhei Nomura, Stuart Gilmour, Masaharu Tsubokura, Daisuke Yoneoka, Amina Sugimoto,
Tomoyoshi Oikawa, Masahiro Kami, Kenji Shibuya. 2013. "Mortality Risk amongst Nursing
Home Residents Evacuated after the Fukushima Nuclear Accident: A Retrospective
Cohort Study". *PLOS ONE* on line. 27 March 2013.

新たなリスコミの段階に
来ているのか？

飯舘村役場・元テレビユー福島報道局長　　大 森　真

避難指示解除になった飯舘村

福島県のローカル TV 局から飯舘村に転職して、1 年 10 ヶ月になる。そして 10 ヶ月前の 2017 年 3 月 31 日、帰還困難区域の長泥地区を除き、村の大部分の避難指示が解除された。本格的なリスタートが切られた形だが、状況は決して順風満帆とばかりは言えない。2017 年 7 月 1 日現在の帰還者は 369 名。村はもともと 6,000 人余りの人口規模だったので、その 6% にとどまる。さらに、帰還者の 8 割超が 60 代以上であり、若年層や子育て世代はほとんど帰っていない。村民の「帰還をためらわせる理由」はどこにあるのだろうか。

避難先の方が生活の利便性が高い、7 年近くの間に避難先で新たなコミュニティが構築されている、子どもが友達と離れたがらない等々、要因は様々かつ複合的であり、画一的ではない。そしてそれらは「毎日の暮らし」に直接関わっている。一方、「放射線の健康影響」についてはどう捉えられているのか。これは、避難先にとどまる間は暮らしに密着した問題とはならない。が、帰還への判断の際に突然、現実のものとなる。そして、この「放射線リスク」は極めて過大に評価されている場合が多いと思う。

なぜ情報は更新されないのか

避難指示解除前の会合で、村民から「コンクリートをも通す放射能が風に

乗って飛んでくる」とか「既にチェルノブイリを超える放射能漏れを起こしているのに隠蔽されている」といった意見を聞いた。これらは当然お話にならないほどの誤りだ。だが、村民との普段の会話の中でふと「オレたちは年寄りだから帰れっけどなあ」とか「敷地に1ヶ所でも 0.23（μSv（マイクロシーベルト）/h）超えっとこあっと住めねえよなあ」とか出てくると、「えっ」と思ってしまう。

　私が見る範囲では、「自分や家族が実際にどれだけ被曝するのか、その被曝量はこれまでの知見に照らしてどの程度健康に影響するのか」ということに視点が向かない人が多い、というよりむしろマジョリティを占めている印象すらを受ける。多くの人は「空間線量」や「大量に食べないような副食品の Bq （ベクレル）/kg」を気にしており、健康影響への判断基準となる「実効線量」やそれに近似する「個人線量」のことは「知らない」。

　なぜこんな状況に陥ってしまったのか。その1つは、メディアの煽り報道に原因があると思う。震災以降、問題のある報道を挙げれば限りがない。例えば田村市都路地区の避難指示解除を前に、ある中央紙に「空間線量の推計値に比べ、数値が低く出やすい個人線量計のデータを集めて避難者を安心させると共に」「意図的に低くなるよう集められたデータは信用されるだろうか」と書かれた記事があった。空間線量の推計値も個人線量計のデータも、それぞれの条件下では両方とも正しい。しかし、最も重要な健康影響を判断する「実効線量」に最も近いのは「個人線量」である。この書き方は、あたかも「個人線量計のデータは不当に低いもので、行政はそれに誘導しようとしている」と言わんばかりだ。私はむしろ、この記事の方が不当な誤解にミスリードしているように感じる。これを書いた記者にとっては、住民が納得して少しでも幸せな暮らしを選べることよりも、行政の不備（それも「自分の感じる」不備）を突くことの方が優先されるのだろうか。そしてそれは社の方針なのだろうか。

　この例のような多くの報道は、福島の人々、特に避難を余儀なくされた人

たちの絶望と不信感を生んだ。そして人々の多くは、いつしか様々な情報に目を閉じ、耳を塞ぐようになった。結果、新しいファクトが明らかになっても、それぞれの人の中では更新されないまま避難指示解除に至っている。

「それぞれの納得」のために

　産業技術総合研究所の内藤航研究員らが、空間線量の推計値と個人線量データを詳細に分析し、追加被曝線量を推計した論文によると、飯舘村の20行政区のうち15地区で年間の追加被曝線量の中央値は年間2mSv以下で、最も高い地区でも5mSv前後であった。あくまで中央値なのでこれを上回る人もいるが、これまでの知見に照らせば、「全てのベネフィットを覆い尽くすようなリスク」ではないと思う。「狭い仮設住宅に住み続ける」「買い物が不便」などのリスクや、「住み慣れた故郷」「以前のように孫と一緒の大家族で暮らす」ベネフィットと同列に並べて、フラットな目で最も納得する判断をできることが望ましい。

　「もう説明は尽きた、リスコミ（リスク・コミュニケーション）は終わった」と言う人もいる。私は違うと思う。「広く大きな網を上から一方的に掛ける」ようなリスコミは確かに無用だろう。だが、1人ひとりのかたくなな心を柔らかに溶かし、その上で現状を理解してもらうような新しいリスコミが必要な段階に来ているのではないだろうか。

第 2 章

善意と偏見

不幸な対立を
乗り越えるために

安斎育郎／池田香代子
松本春野／児玉一八

(1)
事態を侮らず、過度に恐れず、理性的に向き合う

私の生きた道

　人間は、対象にレッテルを貼って分類することを好む傾向があります。毎日毎日、多様な命題に真偽の判断を加え、受け容れていいかどうか、信じていいかどうかを切り分けなければならないので、「分類する」というのは生活の知恵でもあります。

　どんな人でも、あらゆる種類の命題の真偽について的確な判断が下せる訳ではありませんので、命題の種類に応じて「専門家」に判断を委ねます。

　しかし、その専門家が「隠すな、ウソつくな、過小・過大評価するな」の原則を踏み外せば、当然、信じられなくなります。予防的に、「この専門家の言うことは信じていいのかどうか」を判定する目印として、「反原発派」とか「御用学者」とかレッテルを貼ることになりがちです。私（安齋）も、時と場合に応じて、両方に分類されました。

　私は東京大学工学部の原子力工学科第１期生として、この国の原発政策を推進するための高級技術者になることを期待されていましたが、1970 年頃から「安全性優先よりも経済開発優先」の原発政策に重大な疑問を抱き、原発立地予定地の住民に招かれて原発の安全性について「専門家」として話をする機会が増えました。とりわけ、1972 年に日本学術会議主催の初めての原発問題シンポジウムで「6 項目の点検基準」を提起する基調報告を行なった後は、「反国家的イデオローグ」というレッテルを貼られ、1979 年 3 月のスリーマイル原発事故までの 7 年程の東大医学部助手時代には、村八分・ネグレクト・差別・監視・恫喝・懐柔など様々なハラスメントを体験しました。（※注：「6 項目の点検基準」＝①自主的

なエネルギー開発であるか、②経済優先の開発か、安全確保優先の開発か、③自主的・民主的な地域開発計画と抵触しないか、④軍事的利用への歯止めが保障されているか、⑤原発労働者と地域住民の生活と生命の安全を保障し、環境を保全するに十分な歯止めが実証性をもって裏づけられているか、⑥民主的な行政が実態として保障されているか）

　その意味では、この国の乱脈な原発開発に与<ruby>与<rt>くみ</rt></ruby>する側に身を置いた訳ではないつもりです。そんな私にとって福島原発事故は衝撃的な事件でしたが、このような破局的事故を防ぐ国民的な抵抗線の構築に十分役立てなかった非力を深く悔み、事故後は「福島プロジェクト」を立ち上げ、毎月3日間の福島通いを基本とする調査・学習・相談活動に取り組み始めました。調査先には一切の費用負担を求めず、必要経費は参加メンバーの自己負担や寄付金で賄います。これまで、伊達市・福島市・二本松市・須賀川市・本宮市・郡山市・いわき市・南相馬市・相馬市・広野町・富岡町・楢葉町・大熊町・双葉町・川俣町・浪江町・飯舘村などを訪れ、多くの保育園・小学校・公共施設・個人住宅を調査し、仮設住宅の集会所や個人宅で学習・相談会を開きました。「福島プロジェクト」は、「放射線は被曝しないに越したことはない」という認識を基本とし、汚染の実態を調査するだけでなく、「放射線から身を守る4つの原則（①除染、②遮蔽、③距離の確保、④被曝時間の短縮）」を実践的に応用し、被曝を極少化することを目指しています。私個人は、原発の計画的廃絶を求める立場ですが、「福島プロジェクト」は調査依頼者に原発政策に関する特定の立場を求めるようなことは一切しません。

御用学者呼ばわり

　そんな私が2012年4月10日（火）放送のNHKクローズアップ現代『広がる放射能"独自基準"〜食の安心は得られるか』に出演したときのことです。4月に一般食品に含まれる放射性セシウムの基準値が、それまでの「500ベクレル（Bq）/kgから100Bq/kgに改訂」されたことを受けて制作された番組でしたが、視聴率も9.6％（株式会社ビデオリサーチ世帯視聴率〈関東地方〉）と高い値を示しました。

番組の中で私は食材中に含まれる天然の放射性物質のことなどにも触れなが
ら、「事態を侮らず、過度に恐れず、理性的に向き合う」という姿勢で話した
つもりでしたが、「食品の放射能汚染は"ゼロ"であるべきだ」と考える人々
には「何が何でも汚染ゼロでなければダメ」とは言わない私に苛立ちや戸惑い
を感じたかもしれません。私は、①「余計な被曝はしないに越したことはない」
と考えていますが、一方では、②「自然放射線被曝の時間的・地域的変動の範
囲内に収まる程度の汚染実態であれば過度に心配する必要はない」とも考えて
います。もちろん、汚染を放置するのではなく、それを減らす実行可能な対策
をとることを前提としています。私は、①と②の間で、被災生産者の懸命の努
力に応える道を探ることが大切だと考えています。

　例えば、食品中には天然の放射性物質カリウム40（半減期12億5千万年）が数
十〜数百 Bq/kg 含まれており、そうした食材の摂取を通じて誰でも年間180 μ
Sv（マイクロシーベルト）ほどの内部被曝を受けていますし、食品中の他の自然放射
性物質による内部被曝も約 800 μSv/ 年あります。その他、大気中に漂っている
天然の放射性ラドン・ガスの吸入によっても、約 640 μSv/ 年の内部被曝を受け
ています。内部被曝の合計は、平均して 1,620 μSv/ 年ほどです。

　外部被曝の点では、例えば「福島プロジェクト・チーム」の桂川秀嗣さん（原
子核分光学）が住んでいる山梨県北杜市では約 1 μSv/ 日と実測されていますが、
京都で生活している私の被曝は約 2 μSv/ 日です。どこに住むかによって年間被
曝線量は 2 倍近い違いがあります。平均的には日本人の外部被曝は 550 μSv/
年ほどと推定されていますが、この中には、建物の壁などに含まれる天然の放射
性物質からのガンマ線被曝は含まれていませんので、実際には住居環境によって
も被曝線量が異なるでしょう。内部被曝、外部被曝を合わせて、日本人の自然放
射線による平均的な被曝は 1,620 + 550 = 2,170 μSv/ 年（約2.2mSv/ 年）です。

　このように、日本のどこに住むかによって、また、どのような食材を使ってい
るかによって、自然放射線による外部・内部被曝は数百 μSv/ 年の違いが生じま
す。したがって、自然放射線被曝の変動範囲内に収まる程度の被曝も忌避して
「何が何でも被曝ゼロ」を求め、結果として被災生産者の努力に向き合わないよ

うな購買行動は（最終的には消費者の自由であるとはいえ）、私は決してとりません。そんな私の姿勢は「何が何でも汚染ゼロ志向」とは異なるので、先のNHK番組視聴者にも、大げさに言えば、「この人は消費者の味方か、政府・財界の味方か？」という疑念を生じさせたのかもしれません。

　番組放送後、ある認定団体によってネット上に「安斎育郎先生が御用学者と認定されました」という情報が流れたようです。わざわざ知らせてくれる人もいました。今でも「安斎育郎」と入力して検索すると、比較的上位に「安斎育郎先生が御用学者と認定されました」というタイトルで関連情報がまとめられています。私の素性を知らない人から見れば、「安斎さんは政府の原発政策に与する御用の筋の学者なのだ」と思っても不思議はないでしょう。

　実際はどうなのでしょうか？

　ドイツ文学翻訳家の池田香代子さんは次のように書いています。「安斎育郎さん御用学者認定。この認定者の自責点は決定的で、過去の認定基準の信頼度にも波及し、『御用学者』とは何かも分かってない、分かろうとしない方（々）の企画だと暴露してしまいました。当初は首肯する事もあり重宝したけどもうお終い」「このプロジェクトが満天下に墓穴を掘ったという事です」。つまり、安斎育郎を御用学者と判定した評者にレッドカードを突きつけています。私自身はこのような情報に関心がないので放置してありますが、少なからぬ人々が私のこれまでの活動を踏まえて「御用学者」という判定に異を唱えています。

　最初に述べたように、人は判断の対象に貼られているラベル（レッテル）を参考にして多様な命題の真偽の判定をしていますから、信頼の置けるラベルならばとても役立ちます。しかし、不得意分野や初体験分野については、検察したネット上の情報が信頼が置けるものか否か、自分では判断できません。なにしろ「不得意分野」あるいは「初体験分野」ですから。こんな場合には、「安斎さん＝御用学者」と評価した「判定者」がどのような事実に基づいて、どのような基準でそう判断したのかを調べなければなりませんが、普通はそんな面倒なことはしないでしょう。

　だから、情報提供者と情報利用者双方には心しなければならないことがあると思います。

情報提供者は、提供する情報の根拠と判断の基準を明示するよう心がけることです。

情報利用者は、できるだけ、その情報がどのような根拠と判断基準に基づいて発信されたのかをフォローすることですが、それが可能でない場合には、他の情報発信者や情報利用者の判断と突き合せることです。根拠が定かでない特定の情報にのめり込んで独善的な視野狭窄に陥らないために、チェック機能を確保するということです。

客観的命題（科学的命題）と主観的命題（価値的命題）

ちょっと古いですが、ドイツの社会学者マックス・ウエーバー（マキシミリアン・ヴェーバー）流に言えば、私たちが人生で出会う命題（＝人の判断を文章や記号や数式で表したもの）には2種類あります。

1つは「3＋5＝8」といった「客観的命題」（科学的命題）で、誰が考えても真偽の判断は変わりません。「御用学者」が判定しようが、「反原発学者」が判定しようが、3＋5は8であってそれ以外ではありません。だから、この種の問題について例えば私が「御用学者」と言われる人と類似の説明をしたからと言って、それだけで「御用学者」呼ばわりされるいわれはありません。

もう1つは「原発事故が東北地方だからまだ良かった」といった「主観的命題」（価値的命題）で、それを正しい判断と考えるか、正しくない判断と考えるかは人それぞれの価値判断に依存します。

おそらく「御用学者」と言われる人びとは、自分の価値判断を国家の価値判断に従属させ、客観的命題についての判断さえも国家の価値判断に従属させる（事実を隠したり、ウソをついたり、意図的に過小評価や過大評価を行なう）ような学者のことなのでしょう。加藤周一さんは、全部ホントのことを言って、全体として錯誤に導く方法があると言いました。「言ったこと」は全部正しいが、本質的に重要な事実をいっさい「言わなかった」とか、国家の政策にとって都合のいい事実は触れたが、都合の悪い事実は無視したりする方法です。さすがに「客

観的命題」についてはウソをついてもばれ易いので、普通は、都合のいいこと は殊更に強調し、都合の悪いことは軽視する、あるいは、言及しないといった 方法がとられがちです。

　しかし、専門家でない人びとにとっては、その人が発信していることが適切な のか誇張なのか不当に過小評価しているのかの判断そのものがつかないでしょ う。結局、先に述べたように、他の情報発信者や情報利用者の判断と突き合せな がら、その情報発信者がこれまでどのような価値主体の側（ごく単純化して言えば、 「国家・産業界の側」か「市民の側」か）に与して発言してきたのかを知り、自分の判断 を預ける（＝準拠する）に相応しいかどうかをよく考えることが大切でしょう。

　ちなみに、福島の小児甲状腺がんについては、「スクリーニング効果」（無自 覚のがんを前倒しで見つける効果）や「過剰診断」（放置しても死亡原因にならないがん をがんと診断する効果）などで片づけることなく、専門家が予断や圧力を排し、「隠 すな、ウソつくな、過小・過大評価するな」の原則を踏まえて公正な議論を進 め、適正な医療措置を講じることが何よりも大切だと思います。原因となった ヨウ素131は半減期が8日と短いため甲状腺の被曝は事故後2〜3ヶ月で終 わっており、いま福島に居住しても追加の甲状腺被曝を受ける危険がある訳で はありませんが、子どもたちに対する無償検診の保障を含めて生涯を通じての リスクの極小化に努めることが求められると思います。

「レッテル貼り」は時に内部対立の原因に

　いま、「あの人は福島の人」とか、「あの人は福島から逃げた人」とか、「あ の家は賠償金をもらった家」とか、ある種のレッテル貼りが被災者相互や被災 地とその他の地域の人々との相互理解と共同の妨げになっているように感じま す。父親が仕事の関係で福島に残り、母子が東京に移住して離れ離れになった 家庭が3年後に帰還しようとしたら、ご近所から「あんたら逃げたんよね」と 言われて悔しい思いをした話など聞くにつけ、ともに被災者であるのに「逃げ たか、逃げなかったか」で対立感情を抱えているようでは、福島原発事故とい

う未曾有の人類史的事故の教訓の上に、被災者が「こころひとつに」国家や産業界に責任ある対応を求め、この国の安定・安心なエネルギー政策への転換を求めるようなことは到底覚束ないように思えてなりません。「原発避難者というだけでいじめられ、避難者だと公にできない」（東京都千代田区）、「バカにされ、嘲笑され、恐喝された」（神奈川県横浜）、「被災者の子は公園で遊ぶな」（山梨県甲府）、「持ち寄り食事会をやるが、東北の食材の料理はもってくるな」（京都府京都）など、全国で起きているたくさんの事例が、ある意味で危機に対処する国民の「民度」の実態を表しているように感じます。

　原発推進者たちには、国民があれこれのレッテル貼りによって内部的に対立して結束できない状況は好都合に違いないでしょうが、私は、今こそ声をひとつに被災者支援政策やエネルギー政策の転換を求めるべき時だと確信しています。ましてや、福島の食の安全性に対する態度や帰還の意志の有無などを「踏絵」として被災者に不当な偏見や差別の眼を向けたり、発言のごく一部をとって科学者に「御用学者」のレッテルを貼ったりしている場合ではないと思います。

　私が福島で取り組んでいる「福島プロジェクト」はいわば「虫の目」であり、草の根分けても事故の実態を明らかにするという意味でそれなりに重要な活動だと確信していますが、一方で、私たちは「鳥の目」をもってこの国の原発開発の歴史を大づかみに俯瞰し、私が45年前に日本学術会議のシンポジウムで提起したような「6項目の点検基準」に照らして日本の対米従属的な電力政策を中間総括し、後世に「負の遺産」を残すことのない道を選び取る必要があると考えていますが、どうでしょう？　　　　　　　　　　　　　（安斎育郎）

参考文献
　下道国・真田哲也・藤高和信・湊進「日本の自然放射線による線量」『Isotope News』No.706、
　　2013年2月号

⑵
ある東京在住
"反原発派"の7年

反原発なら"脱被曝派"なのか？

　「あなた反原発なんでしょう？　だったらどうしてあんな、ネトウヨにちやほやされているような人を持ち上げるの？」

　東電福島原発事故から6年半、2017年初夏に受けた難詰です。この言葉の意味するところをすっと理解できる人は、どれだけいるでしょうか。ましてや、これから5年後、10年後には、なんのことだかわからない人が大部分なのではないでしょうか。この難詰には、領域の異なる3つの命題が組み合わされていますが、記録のためにも解題しておきます。

　2011年3月、原発事故を受けて、反原発の声が澎湃として沸き起こりました。広範な"反原発派"の出現です。原発事故が撒き散らした放射性物質への恐怖が社会を覆い、それに敏感に反応し、発言し、行動する人びと、いわゆる"脱被曝派"が衆目を集めます。"脱被曝派"はほぼすべて"反原発派"といっていいでしょう。

　ほどなく、被曝をデータに基づいて冷静に評価しようとする科学者たちの発信努力のおかげで、"脱被曝派"に懐疑的な人びとも声をあげ始めました。発信する科学者を含め、この人びとは原発への賛否はさまざま、というか、そうしたテーマは被曝についての議論の外に置くのが一般的でした。とはいえ、"原発推進派"の人びとは、ほぼこの中にいたでしょう。

　ここに、さらにもう1枚のレイヤーが重なります。政府を支持するか、しないかという選択肢です。発災当時の民主党政権は、2012年暮れに自民党政権に取って代わられ、ネトウヨと呼ばれる、虚実の定かでない主張を時には行儀の悪い言葉遣いでネットに書き込む、リベラル嫌いの人びとが、この政権を支

持していました（もしも民主党政権が続いていたら、被曝をめぐるネトウヨ言説はどうなっていたろうかと、皮肉な想像をしてしまいます）。難詰中の「ネトウヨにちやほやされているような人」とは、"脱被曝派"を批判するかたわら、リベラル勢力への苦言も呈するので、ネトウヨが喜んで取り沙汰する物理学者です。

　脱原発か原発推進か、脱被曝か脱被曝批判か、政権支持か不支持か。3つの座標軸がおりなす三次元の座標に、人びとは自分の立ち位置を定めることになりますが、かたや脱原発・脱被曝・反政権、かたや原発推進・脱被曝批判・親政権という雑駁な括りが幅を効かせました。

　けれど、原発推進か廃絶か、ましてや政権支持か不支持か、ということと、原発事故の健康や環境への影響を見定めることは、まったく別の話です。それが社会の一部では合意されず、被曝評価が政治的な立場主義から解放されることなく、いまに至っています。

　ここに、ぜひ記録しておきたいことがあります。2012年3月から毎週金曜日の夜、首相官邸前で反原発の意思表示を続けている首都圏反原発連合（反原連）は、さまざまなグループの集まりですが、遅くとも2013年の4月の始めには、福島の子どもは法的強制措置をとって集団疎開させるべき、と主張する団体とは袂を分かっている、という事実です。反原連周辺の人びとの被曝観にはかなりの幅がありますが、それでもここまでの極論は退けたのです。"反原発派"が主張しているなら、どんなに極端な脱被曝論も受け入れる、ということではありませんでした。

被災者支援と反原発のもやもやした関係

　発災直後、わたし（池田）は全国の避難受け入れ情報を被災地に伝える活動にくわわりました。もしも自分が、被曝についてよく知らず、事故がこれからどう推移していくのかも不確かで、何を信じていいのかわからない状況に置かれた当事者だったら、とにかく原発から遠ざかりたい、とくに子どもたちを一時なりと逃したいと考えるだろう、と思ったからです。いまでも、この活動は、

少なくとも事故直後には意味があったと考えています。

インターネットに避難受け入れ情報サイトを設けるとともに、それを印刷した冊子を、被災地に向かうボランティアやジャーナリストに託しました。わたしの住む東京にもたくさんの人びとが避難してきて、体育館や大型展示場に避難所がもうけられましたが、そうしたところにも冊子を置かせてもらいました。

ある日、ある方と避難所に冊子を届けることになりました。その方は、当の冊子の倍ほども分厚い、もう一種類の冊子をどっさり用意していました。それは、原発の危険性を解説したものでした。わたしは、矢が当たって苦しんでいる人に、その矢を射た弓の構造を説くようなものだと思い、避難所に向かう電車の中で、その方と話し合いました。

突然着の身着のままバスで慣れない土地に連れてこられ、段ボールの仕切りの中でお年寄りや子どもの世話をしながら、なんとか気力をふりしぼって当座の住まいと職を確保しようと奔走している人びとは、原発は危険だという話を必要としているだろうか、というのが、わたしの言い分でした。その方は納得し、反原発冊子は配られませんでした。

この方のように、もとから原発に否定的だった、あるいは事故を受けて原発の危険性に愕然としたからこそ、支援に動いた人は多かったでしょう。けれど、反原発の志向と原発事故被災者支援は、自分の中では不可分であっても、支援の場では切り離すべきだと思うのです。いくつかの支援グループを見た限りでは、そのへんをふまえて行動する人びともいた反面、原発事故への怒りに根ざした正義感からでしょう、公然と反原発を唱え、被曝の危険を強調する人びとも見受けられました。

危険を強調する報道や人びと

かくいうわたしも被曝については、発災当座は東京にいてさえ狼狽しました。身体に取り込んだ放射性物質を排出させるというリンゴペクチンは、購入の寸前までいきました。事故のあった３月いっぱいはプルームや雨を警戒し、

水道水が心配で水源地の天気をチェックする毎日でした。

　危険を説く言説を求めて、貪るように読み、海外の報道にも目を配りました。そこでは、さすがのわたしも違和感を覚えるほどの、危険を煽る記事が目につきました。なるほど、対岸の火事は燃え盛れば燃え盛るほど興奮するものだ、自分がチェルノブイリ原発事故を見ていたまなざしはこうしたものだったのだろうかと、悔しさと恥ずかしさに打ちのめされました。とくに、ドイツのテレビ局、ZDFのおどろおどろしい論調には衝撃を受けました。イギリスのBBCと並ぶ、信頼度の高い報道機関だと思っていたのに、たとえば原発が水素爆発を起こした定点カメラの映像に、最初に爆発の効果音をつけた一局がZDFでした。報道機関として、あってはならない事実の脚色です。そうした福島報道がドイツを脱原発に導く要因のひとつになったとしたら、思いは複雑です。

　けれど、たまたま早野龍五東大教授（当時）を中心とする多くの科学者のツイート情報に、ごく早い時期から接することができました。これは僥倖でした。完全には理解できないまでも、毎日ツイートされる数値やグラフや議論を追い、それらからさまざまな本やサイトや学習会にたどり着き、学ぶうちに、だんだんとではありましたが、扇情的な危険報道にも冷静な距離を取れるようになり、放射線量や核種やその影響の度合いについて、相場観のようなものが身についていきました。

　時を同じくして、一部の人びとが推奨する脱被曝のさまざまな方法に違和を感じることが重なりました。そして、"脱被曝派"は非科学的なことをいわないでほしい、それはこの未曾有の事故に立ち向かうのになんの役にも立たないうえ、反原発の主張を補強するどころか"原発推進派"に突っ込みどころを与え、反原発ムーヴメントの墓穴を掘ることになる、との危惧を強めました。そのころ、わたしはこんなツイートをしています。

　「何度目かに書きます。放射能を無化する手だてはありません。ホメオパシー、スピルリナ、EM菌、米のとぎ汁乳酸菌、3日間常温放置した玄米ご飯、東郷平八郎のお守り、祈り、体のどこかに手を当てる、特定の音楽、528Hzの音叉の音（ソルフェジオ周波数）、波動…まだありそうですがすべてNG」（2011年8

月25日）

　こうしたあやしげな被曝対策が、一部の講演会で推奨され、ときにはその場で商品が売られもして、多くの人を集めていました。被曝の危険を主張して威信を高めた人びとは本を書き、映画を撮り、講演で全国を飛び回っていました。若いお母さんたちは、内部被曝をデトックスするという特定メーカーの味噌を求めて、マスクをして遠くまで自転車を漕ぎ、家計をやりくりして特別な飲料に高いお金を払っていました。そのさまに、わたしは悲しみを禁じ得ませんでした。そして、脱被曝ビジネスに加担している反原発オピニオンリーダーたちに、怒りを覚えました。

社会的信頼性を市民が自力で取り戻す

　そのいっぽう、自分がいるところの空間線量を知りたい、食べ物や生活圏の土が放射性物質で汚染されていないか知りたい、という多くの人びとのもっともな思いが、計測ブームをもたらしました。人びとは簡易空間線量計を持ち歩きました。あちこちに市民測定所を開いて、そこに食品や土を持ち込みました。市民が計ってほしいと要望しても、「数値が出たら困る」という本末転倒の理由で公的な役割を放棄する自治体も多かったし、政府や自治体がデータを発表したとしても、人びとはそれを信頼する気になれなかったのです。

　それは、福島ではなおさらでした。ある町に、行政が設けたモニタリングポストの数値が信じられず、独自に空間線量を測り始めたグループがありました。発災の夏には、市の計測データと自分たちのそれがほぼ一致することが確かめられたので、グループは計測をやめたのですが、ある方の言葉が印象的でした。

　「考えてみれば、計っている保健所の職員さんも、ここで子育てしてるんですよね」

　社会的信頼性の回復を目のあたりにした、と思いました。社会を信頼できなければ、わたしたちは安心して日々を送ることができません。この空気は吸っても大丈夫か、水は飲んでも平気か、食べ物に害はないか。行政やさまざまな

事業主が責任をもって提供すべき安全をいちいち疑っていては、生活が成り立たないのです。

　このたびは、なにしろ絶対安全という神話のもとに稼働していた原発が大事故を起こしたのです。社会的信頼性は地に堕ちてしまった。メディアも舌鋒鋭くそこを突いた結果、地に堕ちた社会的信頼性はさらに泥まみれになりました。そうなったら、わたしたち市民は時間と手間とお金をかけて、みずから社会的信頼性を取り戻さなければならないのだ、それが市民社会の強度だ。そういうことを、わたしは自己防衛に立ち上がった、とくに福島の人びとに教えていただきました。

福島で出会った人びと

　このほかにも、福島の人びとに学んだことは計り知れません。福島の人びとにとっては、なにしろ被曝はわがことなので、本気度が違います。発災から2、3年、東京の書店には原発や被曝関連の本を集めた大きなコーナーがもうけられましたが、だんだん縮小していきました。けれど、福島の書店のそうしたコーナーは、なかなか小さくなりませんでした。品揃えも、東京に較べ本格的なものが幅を利かせていました。

　わたしが折に触れて管見した福島の人びとは、まさに田崎晴明学習院大学教授の著書名そのままに、『やっかいな放射線と向き合って暮らしていくための基礎知識』を身につけ、知識をたえず新たな知見で更新し、それをみずからの家庭や職場や地域に生かして、生活と共同体を維持する努力を重ねていました。

　なんの役にもたたないわたしが福島に伺うのは、主にそうしたお話に耳を傾けるためのような気がしますが、伺うたびに必ずといっていいほど泣き出す方に出会いました。わたしがよそ者だからでしょう、平素は言葉にしないことを言葉にすることで、抑えていた感情がほとばしる。それは、小学校の校長、元県会議員、会社の支社長、地域を束ねる生協の役員、病院の勤務医など、人びとに頼りにされる立場の人びとでした。

どれほどの責任の重圧とたたかい、行政や組織とやりあい、あらずもがなの人間関係のもつれを経験してストレスを溜めておられることかと、そのたびに胸が痛みました。外から伝わってくる、有名無名の人びとやメディアの心無い言説について、怒ったりあきれたりしながら悲しそうに訴える人びとの話には、いたたまれない思いがしました。わたしにできることはなんだろう、と内心自問するのも、毎度のことでした。

「被曝の心理」を軽んじるべきではない

また、これは伝聞ですが、発災まもなくは保健師さんが大忙しだったそうです。家族のつごうで避難した保健師さんもいて人数が減ったところに、仕事がとてつもなく増えたからですが、通常の産婦のケアもたいへんだったというのです。

これは強調してもしすぎることはありませんが、福島でも他県と同じように、また 311 事故後もその前と同じように、なんらかの病気をもって生まれる赤ちゃんは、一定数います。そうしたケースでは、保健師さんがサポートに入りますが、311 後は親御さんたちが被曝の影響を疑って、あのときあそこにいなかったら、あの水を飲まなかったら、と自分を責めるので、その決めつけは違うのではないかと根気よく説得し、赤ちゃんの病気を受け入れられるまで寄り添うのに、より多くの時間が必要だった、というのです。

このばあいだけでなく、2人に1人はがんになる現代、福島の人びとは将来そうした事態に直面したら、被曝の影響がふと心をかすめるのでしょうか。それは人情として理解できます。原爆被爆とも共通するむごい一面です。同時に、広島長崎で犠牲になられた方がたを研究させていただいて得られた貴重な知見、つまりがんの原因になるには今回の被曝量は圧倒的に少ないこと、広島長崎でさえ遺伝の影響はいまだ確認されないのに、ましてや福島の線量は遺伝的影響にはまるで問題にならないことが、もっと知られるべきだと思います。

そのいっぽうで、人びとがこうしたことを知ればすべての問題は解決するのか、問題が残るとすれば情報を知ろうとしない、科学的知見に納得しようとし

ない個人に責任があるのか、というと、そうではない気がします。

　たとえば、土に触れなくなってしまった農家の女性がいます。畑は土を入れ替えて除染したのだから大丈夫と、頭ではわかっているのです。それでも、放射性物質が大切な畑に降り注いだ、という発災当初の恐怖と絶望がいまだ尾を引き、頭で心を納得させることができません。

　この方を批判できるでしょうか。それは、高所恐怖症で東京スカイツリーに登れない人に、それはおかしい、というに等しいのではないでしょうか。

　これは、自主避難者にもいえると思います。彼らをラディオフォビア（放射線恐怖症）とひとくくりにして「変わった人」扱いすることには、抵抗があります。高所恐怖症と違って、電力会社と社会ないし国が引き起こした原発災害の、彼らもまた被害者であり、およそ被害者本人に一義的に責任が帰されるべき事象などありえないからです。これは、電力会社と社会つまり国が責任をもって引き受けるべき問題です。具体的にいえば、家賃補助を続け、保健医療面の支援をし続けるべき、というのがわたしの意見です。それがどんなに科学的には根拠薄弱だろうが、電力会社とこの社会（国）は、そうしなければならないだけの事をしでかしてしまったのです。

　ともあれ、と話はまたしても曲折しますが、心配された小児甲状腺がんも含め、被曝の健康被害が限りなくゼロに近かったどころか、事故による追加被曝量そのものが、しろうとの予断はおろかおおかたの科学者の予測すら裏切ってきわめて低かった、と明言することを、政府や東電を免罪する利敵行為だ、と憤慨する方がたには、同じ明言に福島など原発の近くに暮らす人びとがどれほど安堵するか、ということも考えていただきたいと思います。むしろ、後者のほうをこそ重視していただきたいものです。

　被曝の直接的な健康被害はなくても、原発事故のために生活も人間関係も激変し、持病を悪化させ、生活習慣病などで健康を害し、それどころか関連死と呼ばれるかたちで人生を奪われた方がたはおびただしいのです。そして、原発事故に、ひいては政府や東電に怒っていない人は、福島にはいないといってもいいのです。そのことを、県外の者は忘れてはならないと思います。

（池田香代子）

(3)
不安・恐怖が生む
差別と排除

過激な表現で反原発を訴えた「葬列予報デモ」

　2011年9月1日と10日18日大阪にて、宗派の違う住職や、クリスチャンも参加し、反原発を訴えた「葬列予報デモ」。「現実に進行している汚染の実態を放置すれば、近い将来悲劇が起こることは避けられない。見たくない現実を『葬列予報』という形で表すことにより、この厳しい現実と向き合い、子ども達が被曝の危険性にさらされていることを周知させ、1人でも多くの子どもの命を守りたい」という主催側の趣旨に基づき2度開催。しかし「生きている人に対し、『葬列予報』などとして死んだかのように扱うのはあまりにひどい」といった批判が殺到したためか、同年12月に予定されていた第3回目は中止。事故後しばらくは、こうした過激な発信が後を絶ちませんでした。しかし時を経るにつれ、差別的であったり、根拠なく過度に恐怖を煽るような発信を問題視する声が高まり、このようなパフォーマンスを前面に出したデモは、減少の一途を辿っています。

保養支援での無意識の差別行為

　2013 年 12 月 16 日、北海道札幌市に事務局を置く NPO 法人の代表は、自身の SNS で『子どもたちを保養に招くときの警告　お互いが被曝をしないように配慮すること』と題し、下記の項目を発信しました。

子どもたちを保養に招くときの警告　お互いが被ばくをしないように配慮すること

1）　ついたらすぐにお風呂にいれて、シャンプーは 2〜3 回
2）　衣類・鞄などの持ち込み（着替え）をしないように制限すること（衣類・靴は洗濯しても放射能がとれるかどうかわかりません）
3）　受入側では、子ども達の衣類・靴などを用意して保養中は「放射能から完全に遮断された環境」を用意すること
4）　リサイクル衣類は関東・東北のものは使用しない
5）　農産物、物資などの送付物に関しても、あける時は表面のホコリなどで咳などが出ることもあるので、室内であけないことが望ましい。
6）　移住・避難の時は汚染地域から物品を持ち出さないこと
7）　車の除染タイヤの限界は 0.3 μ。それ以上の車は進入禁止。（ロシアは輸入禁止にしています）
8）　食べ物などの持ち込みは禁止すること
9）　お土産のお菓子などを持たせないように、しっかり言うこと
10）　趣旨を説明することをおそれないこと、本当の信頼関係を築くことそのものが保養の意味でもあります

　そして、このような環境に子どもたちや被災者を置いていることを、魂に刻んで、差別にならないように配慮すること。
　今でも放射能が降り注ぎつづけ、チェルノブイリの子ども達を受け入れていた時よりも、子どもたちの環境が悪化しています。

一見、当事者に寄り添う優しさが滲み出ているような文章にも読めますが、まるで必ず健康被害が出るような被曝を前提とされた福島の子どもたちは、汚染物のような扱いを受け、不要な処置をたくさん施されています。

福島の子どもに降りかかる「いじめ」

　震災後、福島の子どもへのいじめの報道が後を断ちません。文科省は、福島避難者に対してのいじめは、2017 年 4 月 11 日時点で 199 件、うち東日本大震災や原発事故がきっかけだったり、関連したとされるいじめは 13 件と発表しました。「福島に帰れ」「おまえらのせいで原発が爆発した」「放射能がうつるから近づくな」などと言われたケースや、「放射能」と呼ばれるケース、関西の大学では、教師が教室の電灯を消して「放射能を浴びているから電気を消すと光ると思った」などの発言をしたこともニュースになりました。横浜市に自主避難した家庭の男子児童は、「賠償金があるだろ」と、友達との遊興費などを負担させられ、その額は総額 150 万円にも上ったと、市教委の第三者委員会が 2016 年 11 月の報告書でまとめました。同年 12 月に男子児童が横浜市教育委員会に送った手紙の中では、「いままでなんかいもしのうとおもった。でもしんさいでいっぱい死んだからつらいけどぼくはいきるときめた」、いじめの最中では「ばいきんあつかいされて、ほうしゃのうだとおもっていつもつらかった。福島の人はいじめられるとおもった。なにもていこうできなかった」と記しています。

　『なぜ人は「いじめ」るのか』（シービーアール）という本の中で、作家の柳美里さんは、「集団、組織にとっての異質な存在」のひとつとして、福島の「警戒区域」から避難してきた転校生を、親から虐待を受けて児童福祉施設から通学している生徒や、朝鮮学校の生徒、また、被差別部落出身の生徒などと同列に、理不尽に差別され、いじめられる存在としてあげています。

　子どもの振る舞いは、大人の模倣だと言われます。7 年近く経った今でも、福島に対し「力になりたい、救いたい」と心を寄せていながらも、一方で、情報のアップデートはできておらず、偏見を抱き続けている大人たちがたくさんいます。かつての私もそうでした。そんな大人たちの日常的に発する言動から、

子どもたちは敏感に福島忌避を感じ、差別の念を受け取っているように思えて
なりません。私たちやマスメディアが、「放射線」の相場観を知り、今の福島の
線量や、作物や魚の含む放射性物質の量を冷静に受け取れたなら、福島県民の
内部被曝数値は問題にもならなかったことを知っていたなら、外部被曝数値も、
他の都道府県と変わらないことを知っていたなら、子どもたちの世界からも「い
じめ」の材料はぐっと減るのではないでしょうか。

　私が小学2年生の頃、両親が『ぼくはジョナサン　エイズなの』(大月書店) と
いう写真絵本を買ってきてくれました。この絵本は、新生児のときに輸血によっ
て HIV に感染したアメリカ人のジョナサン・スウェイン (当時9歳) という実在
の少年の日常が描かれたものでした。当時バスケットボール選手のマジック・
ジョンソンさんが HIV 感染を告白したり、薬害エイズ裁判の原告として、川田
龍平さんが話題になっていました。エイズで亡くなった有名人も海外で少しず
つ公表されるようになっていたように思います。エイズは伝染病で、死に至る
恐ろしい病と、世間では強い不安とともに語られていました。当時の私は、得
体の知れない「エイズ」が怖くてしょうがありませんでした。

　そんなときに手渡された1冊の絵本には、エイズ患者ジョナサンくんが、「死
に至る病のはずなのに」私と同じように学校に行き、友達と触れ合い、遊び、
ママやパパともキスをしていたのです。驚きでした。そこには、エイズがどん
な病気なのか、キスや手をつなぐことでは伝染らないこと、偏見によって心が
ひどく傷つくことが描かれていました。私はあの絵本をもらってから、エイズ
という病気を、少しずつではありますが、正しく怖がることができるようになり
ました。それから25年、マジック・ジョンソン元選手も、川田龍平さんも、ジョ
ナサンくんも、生きています。科学や医学が進歩し、新しい薬や治療も出てき
たのでしょう。川田さんは結婚し、ジョナサンくんは父親になっているそうで
す。『父親になったジョナサン』という写真絵本も出版されていました。私がこ
うして彼らのその後を知ることができるのは、当事者やその周りの人々が、世
間に向けて、エイズについて更新した事実を発信し続けているからです。

　前出した書籍『なぜ人は「いじめ」るのか』で、宗教家の山折哲雄さんが「い
じめは差別であり、差別はなくならない」と仰っていました。いじめる心や差

別心は誰しもが持ち合わせているものです。差別をゼロにするのは不可能かもしれません。けれど、最新の事実発信をして、差別の要因となるデマや偏見を取り除くことで、差別は縮小させられると私は信じています。「日本の犯罪は在日外国人によるものが多い」「生活保護者の不正受給が増えている」「発達障害は育て方の問題」「福島の子どもは被曝している」など、数々のデマがしっかりと公に否定され、事実が周知されていったなら、どれだけの人々が生きやすくなるでしょうか。

福島を傷つける「悪意のない」言葉と振る舞い

「いじめ」はそもそも、悪意や悪戯からなるものです。取材をするうちにわかってきたのは、広く福島の人々を傷つけているものは、いじめとは違った「悪意のない」言葉や振る舞いでした。善意から広がった「支援活動」の中にも、当事者を困惑させ、苦しめるものもありました。

「生活の場」国道6号線　清掃活動に誹謗中傷1,000件

2015年10月10日、福島第一原発がある福島県の浜通り地区にて、道沿いに捨てられたゴミの多さに見かねた地元の高校生が声を上げて、清掃活動『みんなでやっぺ！きれいな6国 (国道6号線)』を実現させました。告知を開始した9月中旬頃から、主催のNPO団体には「被曝清掃」「殺人行為」「明らかな犯罪」「狂気の沙汰」などといった誹謗中傷を含めた抗議が1,000件以上殺到。主催のNPO団体や地元青年会は、事前に落ちていたゴミの線量も測るという用意周到ぶりの中、予定通り子どもたちは十分に線量の低い

自分たちの通学路など、普段からの生活圏内の清掃に終始。しかし当日は、清掃に反対する人々がかけつけ、線量計片手に防護服姿で子どもに付き纏ったり、清掃中の子どもの姿にカメラを向けたりする者もいたといいます。

東北応援フェアから除外

　2016年初夏、九州など14の生協で構成される「グリーンコープ連合」のお中元カタログ「夏のおくりもの2016夏号」内で、表紙や特集ページで、復興応援フェアを開催。「東北5県で製造されている商品を利用することで、被災地の復興を応援」として青森、岩手、宮城、秋田、山形の商品を取り扱っていました。東北と言えば、福島を含む6県として数えられることが一般的ですが、カタログ内の東北の地図も上記の5県で構成され、震災と原発事故で大きな被害を被った福島県は不自然に除外されていました。このカタログが公表されるとたちまちニュースに。その後、組織内では「福島はレントゲン室」と記された会報誌も発行されていたこともわかり、グリーンコープは謝罪を表明しました。

　福島医療生活協同組合 いいの診療所の医師、松本純先生とお会いしたときに、「僕が診ている仮設住宅で暮らす患者は、自分の死ぬ場所も選べないのです」とお話してくださいました。帰還困難区域にある自宅で死を希望する人ももちろんのこと、いま住んでいる仮設で死にたいという希望すら許可がおりないのが現

状です。仮設で死亡者が出ることは、様々な憶測と議論を呼ぶため、マスコミが殺到することが理由でした。震災後、報道で話題となったような福島の地域 (帰還困難区域以外) では、放射線量も下がり、その点においては他の都道府県と相違なく暮らせる環境です。しかし、原発事故のイメージが色濃く染み付いてしまった土地のため、死者も生者も、外部から様々な「意味」を着せられてしまうことが多々あります。原発30キロ圏内で生まれ育った現在19歳の男子学生は、都内の大学入学直後、ある授業の自己紹介で福島出身であることを告げると、「じゃあ、反原発なんだね」と言われたそうです。出身地を告げただけで政治的レッテルを貼られたこと、それを人前で当たり前のように言われたことにショックを受けたと話してくれました。このようなスティグマを背負った土地で、今も患者に寄り添った診療を続ける松本先生は、言葉を噛みしめるようにおっしゃいました。「福島で生まれるいのちを、ただ、ふつうに、祝福してほしい」と。

2017年5月、当時1歳7ヶ月の娘と伺った福島市渡利のさくら保育園では、元園長の齊藤美智子先生が、「大切な小さなお子さんを、ここに連れてきてくれて、本当にありがとう」と、目に涙を溜めて、私の手を握りました。実際、福島に子連れで取材に行く際、福島のイメージが更新できていない人から「子どもも連れていくの?」「大丈夫?」と非難の色を帯びた心配の言葉をよく頂きます。先生の発した言葉を受けて、私も思わず涙がこぼれました。「子どもを連れて行くのを控えた方がいい危険な場所」そんな世間の目線を背中に感じながら、震災後、放射線の知識をしっかり身につけ、福島の子どもたちの尊厳も、健康も未来も、確証を持って守る保育を実践し続けてきた園の歩みを思えば思うほど、涙は溢れてきました。実際、今でも保育園で使う食材は毎日測り、新しいお散歩コースを開拓する際も、測り続けています。恒常的な保育業務に加え、放射線測定作業が加わり、日々の負担は震災前よりぐっと増えました。震災から年月が経てば経つほど、「ここの子どもたちは被曝していません。被曝させていません」と、当事者に向けての安心の確保、証明の意味よりも、外部に向けての証明の意味が増していると感じました。こういった数々のエピソードからわかるように、見当外れな放射線への恐怖心が帯びた言葉や振る舞いに、福島は今も静かに傷つけられ、負担を強いられています。「子どもの風邪が長引くと、私が避難しなかったからじゃ…」と自責の念が押し寄

せると話してくれたお母さんがいました。冷静なときは、もう大丈夫だとわかっている
けれど、どうしようもない不安が心を支配する時があるのだと。そういう拭いきれない
深刻なトラウマを抱える人は少なくありません。原発事故の爪痕は、今も人の心に、生
活に、深く残っています。

　誰にでも幸せに生きる権利があります。その権利を、あのひどい原発事故は一度
奪ったかもしれません。その後、追い打ちをかけるように、大衆の不安が雪だるま
式に膨らんだことで、偏見を呼び、いじめや差別のような二次被害を招きました。そ
んな二次被害を防ぐためにも、福島の人に「ここで暮らして大丈夫ですか」「子ども
を産めますか」と尋ねられとき、「暮らせます」「産めます」と間髪入れず、自信を持っ
て答えるのだとおっしゃったのは、物理学者の早野龍五先生です。科学的に根拠の
出そろった状況なのだから、曖昧さを残すような言い方はダメなのだと。事実を踏ま
えた上で、寄り添うことこそ、人を幸せにするための言動と振る舞いであるというこ
とを、深く教えられました。

　不安は、大きく煽られると、取り返しのつかないほど増幅する場合があります。不
安の念が集団化すると、ときに恐ろしい排除を生み出します。中世には魔女狩りが
ありました。つい最近まで行われていたハンセン病患者の隔離もその1つだったで
しょう。「我々の土地を脅かす悪しき存在」として、かつてナチスはユダヤ人を虐殺
しました。今、ネトウヨは、在日外国人を排除しています。放射線は、見えないから
こそ、際限なく不安を生み出し得るものです。「ピカは伝染る」と囁かれ、戦後も結
婚差別に苦しんだ広島や長崎の人々の悪夢が再び、震災直後の福島にも起こりまし
た。「宇宙人のような子どもが生まれる」と婚約者の家族から恐れられ、ある女性の
結婚は破談となりました。

　人間が存在する限り、いつの時代もどの場所でも、いじめや差別は形を変えてはび
こるでしょう。けれども、私たちがひとつひとつの事実を知り、学ぶことで、少しずつ、
事態は改善に向かうと信じています。ときに集団化した不安は、科学や学問を、兵器
開発や効率の良い殺戮方法を編み出すために進歩させてきました。しかし他方で、同
じ動機を基に究められる科学や学問は、人を幸せに生かすために、より大きく歩を進
めてきた歴史があります。福島において、排除ではなく「人を幸せに生かすため」の
力が、今後もより大きくなっていくことを、心から願っています。　　　　（松本春野）

⑷
住民運動の中で
経験したこと

原発オタクといわれながら

　私（児玉）は日本でもっとも多くの原発が立地している、福井県に生まれました。大阪で開催された万国博覧会に、日本原電・敦賀原発1号機と関電・美浜原発1号機から電力が送られた1970年は、小学校5年生でした。初めて原発を見たのが小学校の遠足で、水晶浜という美しい海岸の向うに美浜原発が建っていました。

　18歳の春に理学部化学科に入学。学部に進んで3年になると放射化学の授業と学生実験が始まり、8月に第1種放射線取扱主任者の国家試験を受けて何とか合格。この頃から放射線や放射能に関心を持つようになりました。その後、学部4年と修士課程は生物化学、博士課程は分子生物学の研究室に所属して、放射性物質を使って研究しました。

　学生と院生の頃、2つの原発事故が起こりました。1つめは、1981年4月に起こった日本原電・敦賀原発1号機からの放射性物質流出事故です。原子炉内で中性子の照射によってできたコバルト60などが雨水や井戸水を流す「一般排水口」から流出し、日本原電が事故の隠ぺいを行ったことも相まって社会に大きな衝撃を与えました。この年の夏に研究室の仲間と敦賀へ泊りがけで海水浴に出かけた私は、海水浴客の激減や風評被害による魚介類の売上げ減少など、事故の被害が地元を苦しめているのを目の当たりにしました。2つめは、1986年4月26日に旧ソ連・チェルノブイリ原発で発生したシビアアクシデント（苛酷事故ともいい、原発の備えている安全装置などでは収束できない事故です。こうなると、現場に居合わせた人間が八方手を尽くして収束を図るしかありません。シビアアクシデント問題をかかえた軽水炉は、いざという時にブレーキが利かない自動車のような欠陥商

品といえます）です。ソ連政府が「原発はサモワール（ロシア式湯沸かし器）のように安全なものだ」といって、その7年前に米国・スリーマイル島原発で起こった世界初のシビアアクシデントから教訓を引き出そうとしなかったことなどが事故の原因でした。

　石川県ではチェルノブイリ原発事故の8ヶ月後の1986年12月、電源開発調整審議会が能登原発1号機の建設計画を承認し、北陸電力（北電）は1987年11月から準備工事に着手しました。翌1988年に北電は原発の名前を「能登」から「志賀」に変え、12月に本格工事に着工。この頃、新たな住民運動団体をつくろうという動きが広がっており、大学の先輩から「専門知識を活かして一緒にやろう」と誘われた私は事務局の一員として結成に参加しました。それから30年近い年月がたちました。

　私は住民運動の姿勢として、事実に基づいた科学的な運動が大事だと考えてきました。科学的な事実の裏づけなしに「原発は危険だ」と決まり文句をくり返しても、まったく説得力はないと思ったからです。この考えのもとで、志賀原発で発生した事故の分析、原子力防災計画の分析と実地訓練の視察、原発の立地する自治体の財政分析などを行ってきました。福島第一原発事故が起こった後に、ある人から「あんたは原発オタクだと思っていたけれど、大事な仕事をやっていたんだとやっとわかったよ」と言われました。あまり注目されてこなかったけれども、地道に続けていてよかったとその時に思いました。

原発をどうするか、肝を据えた議論が始まるのではないかと思っていた。ところが・・・

　福島第一原発事故を目の当たりにした私たちは、「原発事故の被害を知るためには、現地を見なければいけない」と考え、2012年4月に11人で福島県を訪れました。福島県で40年にわたって活動している住民運動のメンバーや地方議員から話をうかがった後、①福島県内各地での4台のサーベイメータによる空間線量率の測定、②聞き取り調査（原発事故から1年を経て明らかになった被

害状況と今後の課題、原発労働者の状況、東電・自治体の動向、漁業被害の状況)、③いわき市〜楢葉町の原発事故・地震・津波の被害、住民の生活実態の調査、などを行いました。この調査から、①原発から放出された放射性物質による汚染が広域に及んでおり、飯舘村や浪江町などが特に深刻であること、②放射線被曝による健康被害よりも、むしろ避難に伴う健康被害などが危惧されること、③原発事故は被害を受けた住民の間に深刻な分断をもたらしてしまったこと、がわかりました。

　日本社会はこれまで、大量生産・大量消費・大量廃棄の道を歩んできました。産業・重化学工業用の高密度・大容量の電源としてそれを支えてきたのが原子力発電であり、大工業地帯に電力を供給するために巨大な送電網が整備されていきました。原発を立地するために、農漁業が衰退して将来に希望を持てなくなった地域に多額の電源三法交付金を落とす仕組みが作られ、地元住民も地縁血縁で原発推進の網にからめ捕られて地域は深刻な対立に呑みこまれていきました。

　福島第一原発事故というシビアアクシデントは福島だから起こったのではなくて、たまたま福島で起こったのだと私は考えています。国や電力各社は福島第一原発事故のような事故を二度と起こさない対策をとっているといっていますが、シビアアクシデントを起こしてしまった軽水炉の致命的欠陥には何一つ手はつけられていません。

　私は福島第一原発事故という深刻な事態をへて、このような原発を引き続き電力供給の主軸にしていくのか、あるいは福島のような事故を二度と起こさないために撤退していくのか、生活や産業を支えるエネルギーや電力をどうするのか、国民の肝を据えた議論がいよいよ始まるのではないかと思っていました。そのように期待もしていました。ところがそういった期待は、時がたつとともに失望に変わっていきました。なぜそうなっていったのか、住民運動の中で経験したいくつかのエピソードをご紹介しましょう。

　福島第一原発事故の2年後の夏、ある原発から10kmほど離れた建物のロビーで、私は椅子にすわっていました。1時間ほどしたら、住民運動の集会が始まる

予定です。すると見知らぬ人物が近寄ってきて突然、「そこは放射線量が高いですよ。気をつけてください」と言いました。「どういうことですか」と聞き返すと、「この石、放射線をたくさん出しているんです。私は測定器でちゃんと測っています」と続けました。横を見ると、高さ1mくらいの花崗岩がありました。「で、何か問題があるんですか。すわっている人に、いちいちそんなことを言っているんですか」と私が聞くと、相手は「危ないから注意している」と言い返しました。

　私がさらに、「花崗岩の周りの空間線量率が若干高いといっても、健康影響が出るようなレベルではないですよね。そういったことを理解して言っているんですか。そもそも見知らぬ人にいきなり近寄ってきて、そこは放射線が高いと煽るのは問題ではないんですかね」と話すと、その人物は退散していきました。どうやら、こういう集会に来る人には当然受け入れてもらえるものだと思っていたのに、思いもかけず反論されてしまった、ということのようです。

　その1年後、ある原発から50kmほど離れた建物で、住民運動の集会が行われていました。集会の冒頭で主催団体の人が、「この集会に来ている皆さんは、内部被曝のほうが外部被曝よりはるかに危険だということを、全員がご存じでしょう。福島では原発事故によって、内部被曝による健康被害が起こっています。このような被害をもたらす原発は、今すぐゼロにするほかはありません」などと開会あいさつで言いました。被曝線量が同じだったら外部被曝も内部被曝も影響は同じであること、福島では対策が功を奏したので内部被曝は健康影響が危惧されるレベルではなく、外部被曝対策こそが重要であること、被曝線量からすれば幸いにも目に見える健康影響は出るとは考えられないこと、といった事実とは真逆のことが並べられたことに驚き、まったくの素人と思われるこの人が、こうしたトンデモ情報をどこで仕入れたのだろうかといぶかしく思いました。

　さらに1年後、私はある都市で開催された集会に出ていました。その集会の主催者の一人が、「皆さんは知らないと思いますが、原発からは事故の時だけではなくて、通常の運転の時にも大量の放射性ヨウ素がばらまかれています。そのため、原発のまわりではたくさんの甲状腺がんが見つかっていて、国際的な学術誌にも掲載されています。政府や電力会社はこれを隠していますが、私のいる業界では周知の

事実なんです」などと述べました。この種の話はほかでも何度か聞きましたが、まともな学術誌にそのような論文が載ったという話はとんと聞きません。

　残念ながら住民運動のいろいろな場面でこのような話をよく聞きました。原発をなくすため、あるいは国や電力会社を糾弾するためには、話を盛ったって構わない。運動のためには真実でないことを語っても許される。放射能は怖いと煽ったほうが人が集まってくる。言っている本人が意識しているかどうかはわかりませんが、そのような考えが背景にあるのではないかと思いました。いずれも私が約30年の住民運動の中で、ぜったいにやってはいけないと考えてきたことです。段階的な原発からの撤退すら容認できないという流れが強まってからは、これから原発をどうしていくかという国民的な議論の土俵はどんどん失われていき、事実に背を向けた乱暴な議論が幅を利かせていったように思えてなりません。

住民運動も事実に基づかない"煽り"とは
決別しないといけない

　原発からの撤退を実現するには、その考えを持つ人が多数派にならなくてはなりません。その多数派には、今は原発や関連した仕事で暮らしていて、雇用や生活の不安などのさまざまな理由でなかなか原発と縁を切る選択ができないという人たちにも加わってもらう必要があると私は思っています。

　福島第一原発事故を目の当たりにして、原発の立地自治体に住んでいる人たちも心の奥では原発に依存しない暮らしを望んでいるのではないかと思います。日本で原発が建っている少なくない自治体がそうであるように、志賀原発がある石川県能登地方もかつては農漁業などの第一次産業でなりたってきた地域でした。地域が衰退して将来に希望を持てなくなったところに原発が忍び込んできて、地縁血縁も使って地域住民も原発推進の網にがんじがらめにされていきます。原発の運転が始まると、国が原発推進のためにつくった財政誘導策で原発マネーが大量に流れ込み、自治体の財政は増収に転じて豪華なハコモノが次々に建ち、一気に豊かになったかのような幻想がうまれます。しかし一定

期間をすぎると自治体の収入は急速に落ち込み、身の丈にあわないハコモノの維持に振り回され、本来の仕事である福祉や教育といった行政水準を維持することもできなくなります。そして水膨れした財政をもう一度維持するために、次の原発を誘致するという悪循環に陥るというわけです。

　原発の近くで長年このような仕組みと隣り合わせで暮らしてきた人たちに、放射線の恐怖を煽る話を聞かせれば原発と縁を切る選択をするのでしょうか。私にはそうは思えません。

　福島第一原発事故が明らかにしたのは、原発で大事故がおこってしまえば地域そのものが崩壊の危機に瀕するということです。福島県の人たちは突然ふってきたシビアアクシデントによって、暴力的に原発依存から抜け出さざるをえない方向に追い込まれました。福島第一原発事故という悲劇から導き出すべき教訓は、二度とこのようなことを起こさないように、ソフトランディングで原発依存からの脱却を成し遂げることではないかと考えます。それを成し遂げる上で原発の周辺に暮らす人たちも重要な主役であって、この人たちを置き去りにした議論など成り立たないと思います。ところが住民運動のいろいろな場面で私も経験した、事実に背を向けた乱暴な議論にはこのような視点が完全に抜け落ちています。

　日本の原発は福島第一原発事故が明らかにしたように、冷却に失敗すれば坂道を転げ落ちるようにシビアアクシデントにいたるという致命的な欠陥をかかえています。そのような原発が、50基を超えるまでに増えていきました。原発はバクテリアのように、自分で勝手に増殖していったわけではありません。原発が増えていった理由を知り、それを解決していかなければ原発からの脱却は成し遂げられません。住民運動が原発から撤退したいと真剣に思っているのならば、事実に基づかずに危機を煽ることと直ちに決別しなければならないと、住民運動に四半世紀以上にわたって参加してきた1人として考えています。

（児玉一八）

福島のトラウマを考える

福島県立医科大学医学部災害こころの医学講座　前田正治

　昔のことを思い出してみる。ただ、それほど昔のことではない。東日本大震災が起こったとき、そしてすぐに原発事故が起こったとき、ちょうど私はある学会の責任者の任にあって、またその学会が災害や事故などのトラウマを扱う学会であったため、私は被災地支援に奔走することになった。発災後間もない頃、私のように西日本に住む多くの支援者は、福島県を迂回して、多くは新潟経由で宮城県や岩手県に入った。それはまったく当然のことのように思え、疑念も抱かなかった。本当に申し訳ないことだが、当時、福島県は支援すべき「被災地」ではなかった。

　なぜ支援をしなかったのか、理由は簡単である。福島第一原発事故の影響を考えると、行くことが怖かったからだ。若い医師、たとえば女性医師を派遣するなどとんでもないことだった。実際、医師にしても被災者を助けたいという思いを持った人は多かった。しかしそういう人でさえ、ほとんどが岩手県や宮城県における被災地支援を希望した。福島に取り残されている人のことは考えないか、早く逃げ出せばいいのにと思っていた。他の被災地のように支援が入らなかった、そのことが福島の人々にとって大きなトラウマとなっていたことを、ずっと後になって何人かの被災者の方から教えてもらった。

　その後、時間が経って初期の混乱が収束すると、今度はいろいろな噂がネット上で流れはじめた。巨大なタンポポや手が生えたなまずを見たなど、荒唐無稽な与太話の類いも少なくなかった。しかしそうした与太話を笑うことはできない。たとえば、もともと PTSD などのトラウマ疾患治療に熱い思いを持っている精神科医ですら、講演では、なぜ福島に人が住んでいるのか、

皆神経が麻痺しているのか、鈍感なのか、政府にだまされているのか、口角泡を飛ばして福島に住むことの愚かさを訴えるようになった。ある協会の会長は福島の女性は結婚すべきでない、子どもを産むべきでないと言い、高名な漫画家は福島にいると倦怠感を覚え、鼻血が出ると言った。そのうち、福島の被災者は甘えている、賠償金をもらってパチンコや風俗店ばかり行っているなどとも言われるようにもなった。そのうち県外避難した多くの被災者は、自らの出自をあまり語ろうとしなくなった。当然である。

　福島は、原発災害の影響について数多く語られた。語られすぎるほど語られた。眉をひそめながら語られることも少なくなかった。その内容はいろいろ変わっていったが、語る人の、眉をひそめて語る、その語り口はあまり変わらなかった。その一方で、福島への支援やケアが語られることはとても少なかった。

　福島の人々、とりわけ浜通りに住む人々や避難している人々にとって必要なことはなんだろうか。おそらくそれは、暖かく見守られるということである。簡単なことである。実際、数多くの自然災害に苦しめられてきた日本人は、被災者を人ごととは思えず、我が家族のように暖かく見守ってきた。被災者は、そうした暖かい姿勢で、共感的に見守ってもらうことで、多くの困難を乗り越えてきた。それがいわゆるコミュニティの持つ反撥力、レジリエンスとなった。そして、このコミュニティが有するレジリエンスこそ、自然災害発生時の被災者の数の多さに比べると、あるいは孤立しやすい犯罪被害者などに比べると、はるかに少ない割合でしか、PTSDやうつ病のような精神疾患が生まれない大きな要因であった。

　レジリエンスは、周囲の温かい目で見守られることで育まれる。福島で懸念されているのが、まさにこのレジリエンスの低下であり、メンタルヘルス問題の出現である。すでに震災関連自殺と認定された人だけでも80名を超えていて、他の被災県の比ではない。我々の大学で行っている、約21万人の避難市町村住民を対象とした調査（県民健康調査）のデータでも、直近で約7%がうつ病のハイリスク群であった。これは、日本の標準人口のそれと比

べても倍以上の高率であり、実数で言うと、1万人以上のハイリスク者と推定される。こうしたデータをみれば、少なくとも現在のところ、甲状腺がんなどの直接的な放射線影響よりも、メンタルヘルス上の問題など間接的影響のほうがはるかに生命予後や健康へのリスクが高いと言わざるを得ない。福島の人々が、原発事故により受けたトラウマは重層的で、かつ複雑である。スティグマなどの心理社会的影響もまた無視できないほど大きいのである。

　さらに言えば、多くの人が福島にとどまったのは、放射線障害にまるで無知だったからでも、関心がなかったからでもない。放射線のことは不安だったけれども、故郷を失うことはもっと怖かったのである。しばしば放射線リスクは喫煙などのリスクと比較されるが、実際に多くの人が比較したことは、まさにこの点である。すなわち放射線のリスクを考えるべきか、あるいは故郷を失うリスクを考えるべきかという比較である。低線量被曝のもたらす健康リスクに関しては諸説あっても、故郷を失うことのリスク、とりわけ精神保健面への健康リスクはきわめて明白である。多くの難民・移民研究がそのことを明らかにしている。もちろん自主避難した人たちも、止むにやまれずに避難した。今般の原発災害は、福島県の住民の多くの人に踏み絵を踏むような決断を迫ったのである。

　放射線の与える直接的健康リスクは、もちろん語られるべきである。しかしながら、同時に、避難生活を続けることの、故郷を失うことの健康リスクもまた十分に語られなければならない。しかし、このバランスはどうだったのだろうか。放射線の健康リスクのみが強調され、故郷を失うことでもたらされる健康リスクは、個人的なものとして等閑視されてきたのではないだろうか。そしてまた、上述したような震災に関連したうつ病や自殺の増加は、この点についての警鐘ではないだろうか。

　眉をひそめて語る人は、自分が眉をひそめていることにはなかなか気づかないものである。しかし、語られる側ははるかに敏感である。はるかに、はるかに敏感であって、語る人の顔をじっと見ているのである。暖かく見守っている人がたくさんいることを知っているのだけど、どうしても眉をひそめ

て語る人に気持ちが取られてしまう。何か自分たちは悪いことをしたのだろうかと、そう思ってしまうことすらある。つまり、悪い方に取り過ぎてしまうのである。専門的には選択的認知とか認知バイアスと呼ぶが、トラウマを受けている人やセルフ・スティグマに晒されている人にはつきものだ。そして、語られる側もまた語らなくなってしまう。語る言葉を失ってしまうのである。

　でも、回復のためには語らなければならない。福島は原発事故によって、さらには人によってひどく傷ついてしまったけれど、しかし福島は美しいところである。誇るべき故郷である。多くの困難に直面していても、他の自然災害被災地のように、暖かく見守られたり、支援を受けたりしながら、乗り越える価値があるのである。そのことは少なくとも語らないといけないし、語れるような社会にしなければならない。

あの日から、福島に住んで体験したこと
― 差別・風評被害を目の当たりにして ―

一般社団法人ベテランママの会　代表理事　　番場さち子

　私は自分の体験を書き留めようと思います。

　2011年3月11日、生徒の通う中学校の卒業式に出席し、自営する学習塾の教室に戻り、ほどなくしてあの大地震が発生しました。風の冷たい日でした。教室の建物が老朽化していた不安から、私はスリッパのまま外へ飛び出し、オーナーの建物につかまり立ちして、長い揺れが収まるのを待ちました。教室内の

荷物は大散乱の状態でしたが、お向かいのアパートの屋根が無事であることで、私はさほどの地震とは思わずにいたのです。オーナー夫人から促されて、自宅の様子を見に車を走らせ、「なんとなく」右折したことで、私は津波から命拾いをして、今こうして生きています。私は「生かされた」と感じています。

　父の実家も、母の実家も、伯母の家も従姉の家も沿岸部にあり、皆、津波で全壊しました。父の実家では5人、他の親戚の者たちや生徒たちを含めると、何人命を亡くしたか、数え切れません。私たち沿岸部に住む者は、津波が恐怖でした。皆、山側の飯舘村を目がけて避難したようです。放射線量が高いことも知らないまま。

　3月14日の深夜、隣のご主人が血相を変えて訪ねて来て「原発に勤めている友人から知らせが来た。メルトダウンが起こっているらしい」「すぐに避難するんだ。生きていたらまた会おう」と生死に関わるような衝撃を伝えられても、メルトダウンとはなんだ？　事の重大さがあまり把握できず、周囲の混乱ぶりに、ただ不安に怯えてテレビを点けたまま夜を明かした記憶だけが残っています。

　3月15日の早朝、父の決断で、我が家も避難することを決意。福島市を目指しましたが、もうすでに満員状態で受け入れ不可能とのことで、私たち家族は伊達市への避難者第1号となりました。父は、急性骨髄性白血病を患った経験があり、再発を恐れての避難の選択でしたが、線量は低いけれども福島第一原発から30キロ圏内と線引きされた南相馬市と、30キロ以上離れてはいるけれど線量が高い伊達市の安全性の違いは何なのか、私には理解し難いものがある中で、避難生活が始まったのです。

　避難所には、様々な場所から、様々な体験者が三々五々参集してきました。男達も不安で堪らず、毎朝配布される新聞の周りに集合し、何も情報がない中で、貪るように新聞を誰かが読み上げ、今後どうすべきか知恵を出し合って不安を拭おうと懸命でした。いつまで続くかわからない避難生活を、せめて最小限快適に暮らせるようにと、係りを決めたのは私の父親です。現

役時代、消防士として活動してきたことが震災の混乱現場で活かされました。

　せっかく親しくなっても、2次避難、3次避難の出入りも多く、残される我々の不安は募っていくばかり。そんな時に、航空会社で勤務している娘から激励の電話が入りました。不安を口にする私に、娘は少しクールな声で「被曝って、外部被曝と内部被曝があるのよ」と手短に説明してくれました。私が初めて放射能や被曝というものを知った瞬間でした。信頼できる者からの説明は、説得力があります。娘の言葉は、私の胃袋の奥深くにストンと落ち、知らないことだらけで、不安で震えていた私に希望を与えたのです。

　理解が出来た私が最初にしたことは、「傾聴」です。レジリエンス（回復力）を考えた時に、まずは寄り添い、聴き取ることが賢明であると、長年の教育者としての知恵が働きました。津波で奥様を亡くされ、一緒に逃げなかった自身を責め続ける男性高齢者や、自宅の2階にいて家ごと流され、数日後自衛隊員に救助された母子、最初の避難先の公会堂の裏の崖下でうめき声が聞こえていたが翌朝には声がしなくなって、あの声が耳から離れない方などの壮絶な体験者の話を、お1人ずつ傾聴する活動がスタートしました。

　次に思いついたのが、南相馬市にわずかに残っている子どもたちや若いお母さんのことです。引き止める母の手を振り払って、私は1人で南相馬市に戻り、30キロ圏内で学校再開が認可されず、行き場のない子どもたちに無料学習会を開くことで場作りをしました。

　学校が再開するまでの1ヶ月でしたが、延べ人数約800名が参加し、勉強だけでなく情報発信基地としての役割も担ったと感じています。

　そこで、「ベテランママの会」が任意で立ち上がります。「若いママや子どもたち、高齢者をサポート」することを趣旨とした会を発足。傾聴だけでなく、独り暮らしの高齢者に食材を届けたり、様子を見に行ったりしてあげていました。

　その後、東京大学医科学研究所から毎週、南相馬市に通って来てくれている若い医師との出会いから、坪倉正治先生の放射線の勉強会を始めました。

これがベテランママの会の活動の転換となりました。

「外に出て行った猫を抱っこしたら被曝しますか？」「洗濯物は外に干したら被曝するんですか？」「自然水で沸かしたお風呂に入ったら被曝しますか？」「マスクはしないとダメですか？」子どもたちから寄せられた素朴で生活に密着した質問は、南相馬市で暮らす住民の声がそのまま反映されていると感じました。2011年から2013年にかけて行った勉強会は百数十回を越え、2,000名以上が参加してくれました。それを「福島県南相馬発　坪倉正治先生の放射線教室」（2014年8月上梓）と冊子にまとめたことで、私たち、ただの任意の主婦団体は、「御用学者」たちと活動していると、攻撃の対象と化したのです。

ある程度覚悟はしていたものの、朝の5時や深夜の3時にかかってくる非常識な匿名の電話や、最初から興奮して攻撃的で一方的な電話やメールの数々は、テレビや新聞などで、冊子を取り上げてくれれば比例してその数を増します。「東京電力から裏金を貰っているのだろう」「放射能で頭やられたのか」「素人のくせに」「福島は住んではいけない所なのに、国から騙されて住まわされている可哀相な棄民」と海外から電話がかかってくることもありました。

私が思いついて作成した冊子なので、スタッフには絶対電話を取らせないようにし、私が1人で苦情処理は受けて立ちました。連日の電話やメールでの攻撃に耐える日々はしばらく続き、実害を受けた被害者の私が二重に苦悩することとなりましたが、数百本の電話を受けるうち、私の感覚も麻痺してきたのか、顔の知らない相手からの電話は、あまり動揺や混乱を起こさない自分になりました。

2015年、東京電力が行っている福島復興本社の存在を知り、初代代表の石崎芳行氏と「福島復興本社ってなにしてるんですか？」と、共同講演会を始めたあたりから、地元からの否定の声が増えてきたのです。自分自身が、復興本社を知らずにいたことから、思いついた活動でした。復興本社にも、地元の声をもっと聴きとっていただきたいという希望もありましたが、憎き東京電力と手を組むなんて、と反対者が増えたのも事実です。昨日まで親しく声を掛け合っていた友人知人が、

私の名を挙げて誹謗中傷します。せっかく少しずつ戻って来た生徒も、私の活動が邪魔をして、辞めていく子も増えていきます。第一原発から23キロに位置し、20キロ圏外のため、満足な賠償金を手にすることもできない私は焦りました。

「南相馬で子ども相手の仕事継続は無理ですから、自己破産をお勧めします」と弁護士の先生がおっしゃった言葉が何度も頭をよぎりました。

何人かが一斉に退会するときに、リーダー格の保護者の方から、「先生は東京電力の味方なんですよね。それが容認できません」と言われ、最後に申し訳なさそうに退会の挨拶に来たお母さんからは「もう水も食べ物も大丈夫だと思っているんです。でも、周りに同調しないと、うちの子が疎外され、虐めにあうのではないかと不安なので皆に合わせます」とご挨拶され、このときばかりは、一体私が住民の為に良かれと思って発信していることは、是か非かとひどく落ち込み悩むこととなりました。

南相馬市の保護者の4割は、地元産の食材を学校給食に使うことに反対していると聞きますが、こういう背景を考えるに、正確な数字ではなかろうと推察します。

南相馬市は20キロ圏内の小高区と30キロ圏内の原町区、そして30キロ外の鹿島区で成り立っています。20キロ圏内は避難指示解除が出る一昨年まで人が住んではいけない区域に指定されており、精神的慰謝料が支払われた地域。20キロ以外の原町区と鹿島区にはそれはありません。この線引きが、住民感情に大きな亀裂をもたらす事になります。

震災から5年が経った2016年に、マスコミの取材や大きな助成金や支援が、「5年を節目」に波が引くように無くなりました。そこまで必死で頑張ってきた住民の疲弊は限度を超えたと思います。メンタルヘルスはここからが必要不可欠であると感じます。新聞やニュースでは報道されませんが、明らかに震災関連死や自死の選択が増えているのを目の当たりにしているからです。その地域を考えると、賠償金のない20キロ圏外の人であることの意味の重大さを感じます。生業が成り立たなくなり、疲弊し余裕のない大人たち。

そんな大人に気遣いしながら暮らす子どもたち。ぎりぎりでの生活に、ある日突然死神が襲ってくるのではないかと考えています。最近、私の元に相談に来る方々は、男性が増えました。震災から７年近くが経ち、なかなか復興には程遠い中で、先の見えない不安が体も心も蝕んでいるように見えます。

　体調を崩して県外の病院を受診した際には、別室に通されました。あの時、私の保険証を見て一瞬で顔色が変わった受付嬢のお顔の豹変ぶりを、ドラマのワンシーンのように見ていた自分がいました。相談事が増え、都内に拠点を持ちたいと物件探しをした際にも、30軒以上の拒絶を受けました。「福島の人が出入りしたら、放射能落として行くから」「福島の人が使用していると世間に知られたら物件の価値が下がるから」これは実際私が言われた言葉の数々です。駒場東大前に物件が決まるまで、実に３年半の月日を要しました。これが、世間が思う福島の実体なのだという体験、自らが洗礼を受けた感があります。

　「放射能」「放射線」「被曝」「セシウム」「内部被曝」「外部被曝」今まで全く縁のなかった言葉が現れ、我々の感情の中に、白か黒かの線引きまでするようになりました。何を信じるか、誰を信じるかで、友人関係も変わってくるのです。これは、我々があまりにも知識が不足しているがために、大きなウエーブに巻き込まれてしまっているのであろうと、私は考えました。昨年、我々は、早野龍五東京大学名誉教授と、前出の坪倉正治医師に監修していただいた「放射線基礎知識テスト」を作成しました。この基礎的なテスト形式の知識付けが、他意なくとはいえ風評被害を撒き散らしている方々に対して、福島理解や誤解解消になるとのわずかな期待をもって、世に広めるべく鋭意活動中です。

　若い頃、中途半端な田舎の福島が嫌いで、いつか福島を出て暮らしたいと考えていた私が、福島を捨てきれず、こうして日々、福島の名誉回復のために奔走する毎日を過ごしています。すべてはこれからの福島を背負っていくこどもたちのために。

絵本『ふくしまからきた子』『ふくしまからきた子　そつぎょう』と共に歩んだ道のり
― 福島に「寄り添う」無自覚の差別意識 ―

絵本作家・イラストレーター　　松本春野

　私は、子どもの絵を描いたり、絵本を作る仕事をしています。著作の中には、『ふくしまからきた子』（2012）と、その続編『ふくしまからきた子そつぎょう』（2015）という絵本があります。この2作は2011年夏からたびたび福島を訪れて制作したものです。1作目の『ふくしまからきた子』では、原発事故後、健康被害を恐れ、福島県から母親の実家のある広島県に母子避難する主人公「まや」を描きました。その3年後には、続編の『ふくしまからきた子　そつぎょう』を出版。前作で避難していた主人公「まや」が、小学6年の春休みに福島に戻る物語です。この2冊は、出版後、各々に違った課題と批判を背負い、今日に至っています。少し長くなりますが、この福島を描いた自著と共に、私が歩んだ道のりを、記してみたいと思います。

　『ふくしまからきた子』を作った頃、私は、初めて触れる「シーベルト」や「ベクレル」という単位に右往左往し、何が安全で何が危険なのか、正確な理解が進まないまま、福島の子どもを取り巻く「2011年の不安な空気」を切り取り、絵本にしました。そして同じように、かつて原爆被害から「ほうしゃのう」の恐怖にさらされた広島を舞台にしました。

　当時、毎日のように、放射性物質が「降り注いだ」「飛散した」「垂れ流されている」などの恐ろしい言葉と共に報道され続ける福島からは、主人公の母子と同じように、住み慣れた地を離れた人が少なくありません。『ふくしまからきた子』は、苦渋の決断の末、不安を胸に、県外へと避難した人々から、共感の

声をいただきました。そして何より、私と同じように、この原発事故後の福島を心配そうに見つめる、多くの県外の読者から受け入れられたように思います。

　しかし、一方で、福島に暮らし続ける選択をした人々からは、「残った身としては、自分の選択を否定された気になる」「書店で見かけたが、開く気にはなれなかった」「なぜ『ふくしまからきた子』という差別的なタイトルにしたのか」という厳しい声も頂きました。「差別」という言葉に大きく戸惑い、「この絵本をこのままで終わらせてはいけない」と思いを強くしました。

　その後は、続編を作るため、私が見えていなかった、別の福島の側面を探る旅を、細々と続けることにしました。当初は、子どもを抱える人は、避難したくてもできない人が多いのだと思っていました。しかし、取材を重ねるごとに、真剣にリスクを計算した上で、福島で生きることを選択している人が大勢いることを知りました。県内では、国で出してきたデータを、早くから再チェックする仕組みが充実し、地道に、確実に集められた膨大なデータと、実践の積み重ねから、大多数の人々が、事故直後につけていたマスクを外し、福島のものを安心して食べる暮らしを取り戻していました。「自信を持っての選択だ」「いつまでも悲しい顔を求められるのはつらい」などと、実態とイメージのギャップに苦しむ声は、7年近く経った今も多く耳にします。

　愚かなことに、私は福島県の人々を無意識に見くびっていたのだと思います。「放射線に慣れてしまったのではないか」「真実を知らないのではないか」と。けれども、私がこの間の取材で痛感したことは、「県外の人が不安視するようなことは、だいたい福島のどの地域でも、疑い尽くされ、調べられている」ということでした。少し考えてみれば当然のことです。彼らにとって「被曝」は、私たちよりはるかに死活問題です。放射線を測定する県職員、学校の先生達、地元マスコミの人々も、全員が生活者であり、当事者でした。子育て中の人もいれば、事故のせいで、故郷を追われた人もいます。みんな必死で、本当のことを知ろうと、仕事に挑み、奮闘してきた人々でした。事故直後、私は権力不信から、

管理する側を徹底的に疑っていました。福島県から発信される良いニュースは、政府や東電の責任逃れの安全PRに思えて仕方がなかったのです。

けれども、実際に現場を丁寧に訪ねると、片端から線量を測り、難しい放射線について深く学び続け、慎重な対策を重ねながら、少しずつ暮らしを立て直してきた人々がいました。誰よりも福島の子どもの幸せを考える、現地の大人たちの姿を目にし、福島への認識が変わっていきました。センセーショナルな文言の被曝報道に煽られることは徐々に減り、事実を学び、福島で暮らすことでの健康被害への不安も解消していきました。そんな優しく勇ましく、勤勉な福島の大人たちのもと、子どもたちは立派に成長を遂げていました。

一方で、取材を進めるうちに、一度避難した人々と、地元に戻った人々の複雑な関係、賠償金の有無で、被災者の間に起こる亀裂、悲しい分断の話にも度々出くわしました。中でも印象的だったのは、県内の図書館の司書さんに伺ったエピソードです。震災後の夏休みに、以前はよく図書館で見かけた子どもが、久しぶりに母親とやってきました。けれども、彼は、終始居心地悪そうにしていたそうです。司書さんが声をかけると、自分は避難したから、ここに来て本を読んではいけないと、口にしたそうです。司書さんは大きく首を振り、こう告げました。「残った人も、きっと一度はこの土地で暮らすことに不安を抱いたと思う。私もその１人。私もあなたも同じ福島の人間。いつでも自由に、好きな本を読んでいいのよ。私たちはいつでも『おかえり』という思いで迎えるよ」と。小さな子どもの中にも、残った者と、去った者の、複雑な溝で、苦しむ気持ちがあることを知りました。

前作は、不安に耐える母親と、うつむきがちな子どもの表情を印象的に描き、事故直後の苦しさを表現したけれど、今度は、原発事故後、福島に暮らす人達が必死で守ってきた、子どもたちの笑顔が印象的な絵本にしたい。被災して傷ついた子どもたちの真の幸せを問いかける絵本でありたい。そう心を決め、続編『ふくしまからきた子　そつぎょう』を作ったのです。

広島へ避難していた主人公の「まや」が、再び福島の地を踏み、地元にあた たかく「おかえり」と迎えられる２作目の『そつぎょう』。この帰郷が一時的か 永続的かには、あえて触れませんでした。自主避難を続ける人も、戻った人も、 自分の物語として読んでもらいたかったからです。帰れる場所ではあるけれど も、帰るかどうか、どこがその人々にとって、生きやすい場所なのかは、価値観 によって様々です。他者を否定しない上で、どの選択も尊重されるべきだと考 えました。福島を取り巻くこの複雑な分断を、少しでも修復したい、そんな思い も含めました。出版後は、うれしいことに、福島県内からは好意的な反応がた くさん届きました。一度は拒絶された場所から受け入れられ、ホッとしました。

　しかし、１作目では好意的だった人々の一部からは、強い反発を受けました。 「自主避難者の選択を否定するのか」「汚染された地に子どもを返すなんて」「東 電からいくらもらっているのか」ネット上には、松本春野は「国策絵本作家」と いうまとめのページまで登場し、「福島を住める土地として描くことは、あの原 発事故の被害を軽視していること。事故を起こした国や東電を利する絵本を描 く松本春野はアベの犬」という内容の手紙もいただきました。初めての経験に、 精神的にも追い詰められ、疲弊しました。何よりも私をうろたえさせたことは、 そんなヘイトスピーチをする人々の内面に、かつての自分に重なる部分があっ たことです。「見えない恐怖を撒き散らし、多くの人を不安に陥れ、生活まで壊 した原発事故の犯人を罰したい」「誰ひとりとして被曝させない」――あの激し い言動の根底には、こんな正義感が見え隠れします。その正義感は、私自身が、 福島を取材しに行こうと踏み出した原動力のひとつでもありました。かつての自 分も、福島を追い詰めた空気を作った１人だったことを突きつけられたのです。

　３.１１後は、いきすぎた正義感が、差別を生み出す現場を多く目撃したよ うに思います。事実よりも、人の感情を扇動するような意見が支持され、「い いね」や「リツイート」の数が多いものが、いつしか「真実」として幅をき かせました。悲しいことに、その「真実」と相容れない事実は否定され、排

除される動きが、今でも SNS 上では日常茶飯事です。震災後長らく、福島には多くのヘイトスピーチが向けられています。「子どもを守れ！」「福島を忘れない！」のスローガンを枕詞に、根拠もなしに「福島で子育てするのは危険、虐待に近い」「福島の農家は人殺し」など、無情な言葉が飛び交っていました。日本だけではなく、海外からも無自覚の差別はやってきます。悲しいことに、事故後 7 年近くが経った今も、巷では漠然としたイメージから、福島という土地を、やんわり否定する空気は根強く存在しています。

　この膠着した福島への偏見は、一般市民が、放射線や、人間の持つ無意識のバイアスに対して理解を深めない限り、解消への歩みを進められません。守りたいはずの「福島」を、傷つけているのは何か、今一度この本を通し、私自身見つめ直そうと思います。

　震災後に出したこの 2 冊の絵本を巡り、私は想像以上に多くのことを学ぶ機会をいただきました。自分の無知や、偏見と、向き合わざるをえない日々でもありました。逆境からも生き抜く人間の強さについて、イデオロギーに依存せず自ら考えていくことの大切さと難しさ、主観的な正義感の持つ暴力性、「いのちと暮らしを守る」の本当の意味とは……、数え切れないほどの問いに出会い、必死で答えを出そうと努めました。気付けばこれら

は、震災や原発問題以外でも、私たちが生きる人間社会に古くから存在し、先人たちが立ち向かってきたテーマだったのです。答えを見つけるのは容易いことではありません。そしてやっと辿り着いたと思ったその答えも、間違っていたり、時間が経てば正解ではなくなることを知りました。だからこそ、繰り返し問いを立て、その都度、知り得る事実を必死で集め、丁寧に答えを出していきたいと思います。これからの社会との関わりの中で、自らの制作の中で、そして私の個人的な人生の中でも。

第 3 章

7年たって考える
放射能・放射線

早野龍五／野口邦和
児玉一八

(1)
測定と学習による
確信の形成

　私（早野）は東京大学で物理を教え、スイス・ジュネーブにあるセルン研究所で、原子物理学の実験をする研究者でしたが、2011年3月11日に起きた東日本大震災と、福島第一原子力発電所の事故に際し、たまたま私のツイッター（@hayano）の「つぶやき」が多くの方々の目にとまったことがきっかけとなって、この6年間、福島県内のお医者さんなどと協力して、福島にお住いの方々の被曝線量の測定や、情報発信を続けてきました。

　私が特に重視してきたのは、「測って伝える」こと、すなわち、目に見えない放射線を正しく測定することと、その結果を適切にお伝えすることです。事実を積み上げ、それを伝えることで、不毛な対立や不当な差別を克服できるのではないかというのが、根底にある思いでした。

　事故直後は測定についても様々な混乱がありましたが、事故から7年近くを経た今では、科学的に見ると放射線による健康影響を心配する必要はないと言えるようになりました。しかし、のちに述べるように、測って伝えれば良いのかというと、決してそれだけでは済まない、ということも学んだ7年間でした。

　これまでに行った数々の測定の結果は、ツイッターや、マスメディアを通じて住民の方々にお伝えするとともに、論文として世界に発表し公式な記録としてきました。また、これに関連した糸井重里さんとの対談をまとめた、『知ろうとすること。』という本[1]は、2014年秋の発売以来、多くの方にお読みいただいています。

内部被曝への懸念と実際

　さて、原発事故によって、放射性物質が広範囲に飛散し、環境を汚染しました。放射性物質が崩壊して発するガンマ線が飛んできて、体に当たって被曝することを「外部被曝」、食品などを通じて体内に取り込まれた放射性物質が体の中で出す放射線に当たることを「内部被曝」と呼びます。外部被曝も内部被曝も、ミリシーベルト（ないしはその千分の一のマイクロシーベルト）という単位で大きさを表すことは、この7年近くの報道などを通じて、多くの方がご存知だと思います。

　地球上には、地球が誕生した時から天然放射性物質があり、また、宇宙からは常に宇宙線が降り注いでいます。これらにより、事故がなくても、私たちは外部被曝をし、天然放射性物質を食べたり吸い込んだりして、内部被曝をしています。日本人は、両者を合わせて平均で年に2.1mSv（ミリシーベルト）被曝しているとされています。事故の影響を見る際には、誰もが避けることのできない自然放射線による被曝との比較が、1つの客観的な目安になります。

　今回の事故で、外部被曝と内部被曝の線量を比較すると、事故初期から現在に至るまで、外部被曝線量の方が高かったことがわかっています。しかし、このことは必ずしも広く知られていません。図3.1は、「内部被曝」と「外部被曝」がGoogleで検索された頻度が、時とともにどのように変化してきたかを示すグラフですが、これを見ると、内部被曝への不安が常に外部被曝を上

図3.1　「内部被曝」と「外部被曝」の関心度の変化。Google Trendsを用いて作成

回っていたことがわかります。ちなみに、2011年最初の大きなピークは、首都圏の水道水から放射性ヨウ素が検出された頃、次のピークは、汚染稲藁が原因で牛肉から放射性セシウムが検出された頃に対応しています。

　講演会などで参加者に「内部被曝の1mSvと外部被曝の1mSvではどちらがリスクが高いと思いますか」と質問すると、大多数が「内部被曝のリスクが高い」に挙手されました。もちろん、どちらも同じです。しかし、これに疑問を呈し「ICRP（国際放射線防護委員会）の内部被曝の線量係数は不当に低い、ECRR（欧州放射線リスク委員会）を採用すべきだ」という主張も多く聞かれました。暫定規制値500Bq（ベクレル）/kgが高すぎるという批判も多くあり、2012年4月に基準値が100Bq/kgに下げられてからも、「福島の食品はすべて99Bq/kgの放射性セシウムを含んでいる」「不検出（ND）でなければダメ」「NDでも福島産はダメ」などという声が、SNSで拡散されました。また、2011年に行われた大規模な土壌分析によって、放射性ストロンチウムやプルトニウムなど、放射性セシウム以外による汚染は心配する必要がないレベルであることが分かっていますが、これらを不安視する声もSNSで繰り返されました。

学校給食を測定する

　2012年夏（図3.1の2番目のピークの頃）、私は「学校給食の丸ごと検査」を文科省に提案しました。給食1食分をすりつぶして、ゲルマニウム半導体検出器で放射性セシウム濃度を精密に測定することを、福島県内のすべての学校で長期に続け、子どもが給食から摂取している放射性セシウムの総量を知ろうというものです。紆余曲折ありましたが、この提案は2012年度から国の事業として予算化されました。

　図3.2は、そのデータの一例、福島市の学校給食検査結果です。放射性セシウム濃度が1Bq/kgを超えた給食は見つからなかったことを示しています。ここで特に重要なのは、福島市が2013年1月から福島市産米を給食に使い始めたこと、にもかかわらず、給食の放射性セシウム濃度の上昇が全く見られないことです。

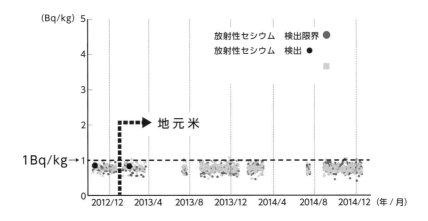

図3.2　福島市の学校給食丸ごと検査結果

　2013 年には「給食に福島米」というタイトルの新聞連載があり[2]、福島市の PTA の方々が大変に心配されたことなどが報じられましたが、その連載は、図 3.2 のような実測データが福島県教育委員会から公表されていることに全く言及しませんでした。せっかく実測があるのに、極めて残念なことです。

　2012 年に開始された学校給食モニタリングは、現在も続いており、表 3.1 に示すように、2016 年度は放射性セシウムが検出された給食は皆無でした。2012 年からの全データを見ても、最大検出値は 2.53Bq/kg と極めて低い値です。

表3.1　福島民報 2017/02/19「県内学校給食モニタリング全検体で下限値未満」 という記事より学校給食モニタリング結果（県教育委員会まとめ）

	検査検体数	セシウム検出数	最大検出数（ベクレル／キロ）
2012年度　26市町村	1,962	14	2.53
2013年度　23市町村・県立6校	2,480	6	1.28
2014年度　26市町村・県立5校	2,859	0	-
2015年度　26市町村・県立16校	2,669	2	1.14
2016年度　26市町村・県立17校	3,486	0	-

※2016年度は2月16日現在。セシウムの検出下限値は1キロ当たり1ベクレルに設定。

福島の内部被曝は私の子ども時代よりも低い

　私が給食検査を提案した時点では、福島県内の自治体、一般病院、NPOなどに、住民の内部被曝を測定するための装置（ホールボディカウンター：WBC）が1台もありませんでしたが、現在では福島県内に50台以上のWBCが設置されています。

　WBCが導入されはじめた2011年秋頃は、測定方法やデータの質などに様々な混乱があり、福島県内のお医者さんから私に相談が寄せられました。それ以来、私は内部被曝の測定に関わるようになりました。

　2012年には、県内で最も早くWBCを設置した病院の1つ、平田村のひらた中央病院で、30,000人以上の内部被曝を測定しました。事故から1年後の測定ですので、この段階で内部被曝があったとすると、それは日常の食事で放射性セシウムを摂取していることを意味します。測定の結果、子どもは100%、大人も99%で放射性セシウムは検出されず、事故がもたらした内部被曝は、天然放射性物質による内部被曝、特に（大人の場合）全身で約4,000Bqあるカリウム40による被曝よりも、一桁以上低いことがわかり[3]、国連の科学委員会の報告書[4]に採録されました。

　この結果には、多くの方が驚かれました。特にチェルノブイリ原発事故を経験した国々では、なかなか信じていただけません。さらに、この結果には（予想どおり）批判が殺到しました。

　まずは、これが任意検査であることから「安全そうな人を選んで測っているのだろう。実際とはかけ離れているに違いない」という批判です。実は、私たちは、三春町の小・中学生全員を毎年継続して測定しており、最初の論文[4]にもその結果が含まれています。全員測っても、2012年時点で子どもから放射性セシウムは検出されていないのです。南相馬市でも学校検診にWBCが組み込まれ、同様な結果が得られています。

　次の批判は、子どもを測定するのに全身で300Bqの検出限界は高すぎるというものです。これには、2011年の新聞記事などが大いに関係したと考えられます[5]。この記事では、ウクライナの科学者の次の発言『1キロ当たり20〜30ベ

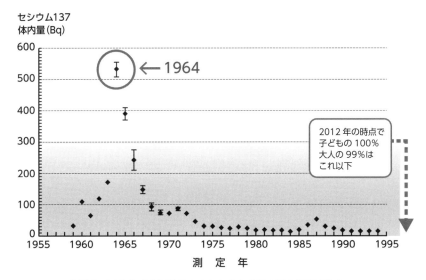

セシウム137
体内量(Bq)

← 1964

2012年の時点で
子どもの100%
大人の99%は
これ以下

測　定　年

図3.3　日本人成人男性体内のセシウム137の量の経年変化と、
2012年時点でのWBCによる実測の比較

クレルの放射能は、体外にあれば大きな危険はありません。それが内部被曝で
深刻なのは、全身の平均値だからです。心筋細胞はほとんど分裂しないため放
射能が蓄積しやすい。子どもの心臓は全身平均の10倍以上ということもあるの
です』を引用し、子どもの内部被曝の危険性が強調されました。これを根拠とし
て「全身300Bqの検出限界は、小さな子どもの場合30Bq/kg程度になりうる
ではないか。そんな測定はダメだ」という批判が寄せられたのです。

　しかし、2012年の時点での福島の内部被曝は、図3.3に示すように、
1960年代前半、核保有国が行った大気圏内核実験によって、日本および世界
の大半の農畜産物が汚染されていた時代よりも、低いレベルだったのです。
全身300Bqの検出限界が高すぎる、という批判は当たりません。

BABYSCAN

　そもそも、私たちが2012年当時使っていたWBC（FASTSCAN）では、小

さなお子さんの測定は難しい、という問題がありました。FASTSCANは大人
用に開発されたもので、鉄の箱の中に2分間直立して測ります。じっと立つこ
とが難しいような小さなお子さんの測定はできません。しかし、お母さんたち
からは、「私は結構ですから、この子を測ってください」という声が多かった
ので、2013年に乳幼児専用のWBCである「ベビースキャン BABYSCAN」
を開発し、福島県内に3台設置しました[6]。

　BABYSCANは寝て測るタイプなので新生児も測定可能ですし、検出限界
は全身で30Bqと極めて高精度です。

　しかしもっと重要なのは、不安を持ったご家族が検査に足を運んで下さ
り、スタッフと話すチャンスが作れる、ということです。ですから、私は、
BABYSCANを、高性能な測定器というだけでなく、コミュニケーションの
道具として作りました。

　これまでに10,000人以上の乳幼児を測定してきましたが、放射性セシウム
が検出されたお子さんは1人もおられません。

外部被曝

　2011年夏頃から、福島県内の多くの自治体が、学童・妊婦を中心に、個
人線量計（ガラスバッジなど）の配布を始めました。図3.4に、これらの自治体
が発表した2011年秋冬（概ね10-12月）の測定結果（3ヶ月測定したものを4倍
し、年間追加被曝線量を概算したもの）を示します。横軸は、年間追加被曝線量で
0-10mSv、縦軸は人数割合（%）です。

　2011年秋冬の時点で、年間10mSvを超える人はいないこと、地域差は
ありますが、およそ半数は年間1mSv未満であったことが分かります。自治
体による測定はその後も継続して行われており、平均被曝線量は年々低下し、
年間1mSv未満の割合は増加しています。これは主に、外部被曝への寄与率
が高かったセシウム134（半減期2年）の物理減衰によるものです。

　2013年夏頃から、私たちは、Dシャトルと呼ばれる電子式の線量計を用いた、

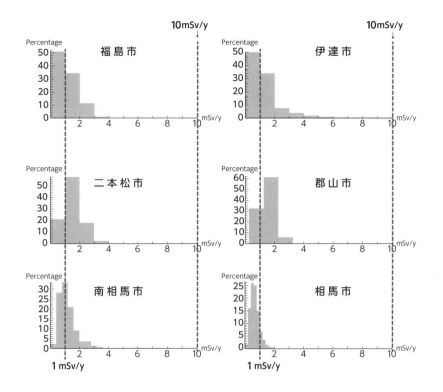

図3.4　福島県内の自治体による個人線量測定結果（2011年秋冬）。
自治体の公表データを用いて筆者が作成

外部被曝線量の測定と、結果の説明を行ってきました。図3.5（次ページ）にその一例を示します（縦軸は、自然放射線による外部被曝を含んでいます）。これは、2015年の夏、フランスの高校生8人、引率者4人がDシャトルを携帯してパリから福島までやってきたときのデータです。Dシャトルは1時間ごとの外部被曝線量を記録することができます。図3.5は、12人の結果を1週間分重ねて表示してあります。

　まだ、彼らがパリにいるときの鋭いピークは、パリの空港の手荷物検査で、DシャトルがX線を照射されたときのもの（この時、人はX線を浴びていません、念のため）。その次の巨大なピークは、機内での宇宙線被曝です。東京滞在中の鋭いピークは、彼らがフランス大使館に招待され、空港と同じように手荷物検査

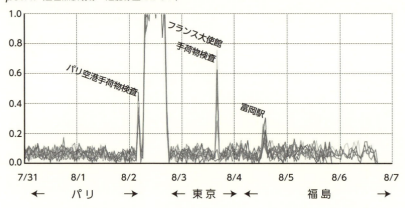

μSv/h （含自然放射線：追加線量ではない）

図3.5　2015年夏に、フランスから福島にやってきた高校生の外部被曝。
Dシャトルで測定[7]

を受けたときのもの、そして、翌日、バスで福島に移動を開始した後のピーク
は、津波被害が見たいという彼らの要望に応え、福島第一原発から約10km南
にある旧富岡駅（この時は避難指示解除前です）を訪れた時に対応しています。

　その後、彼らは福島市に移動し、福島高校の生徒さんの家にホームステイしたり、
桃農家を見学したりしました。このデータは、同一の線量計をパリ→東京→福島と
持ち回って得られたものですから、福島の線量を過小に評価するようなバイアスは
一切かかっていません。そして、グラフを見れば明白なように、パリも、東京も、福
島（避難指示が出ている地域を除く）も、外部被曝線量はほとんど変わらないのです。

　このことを学術的に明確に示したのが、福島の高校生たちと共同で行った、
「世界の高校生の外部線量比較プロジェクト」です[8]。このプロジェクトでは、
福島県内外の日本各地、フランス、ポーランド、ベラルーシの、合わせて200
人以上の高校生が、個人線量計を2週間携帯し、その結果を比較しました。
調査の結果、図3.6に示すように、福島県内の、自然放射線と事故由来の放
射線を合算した外部被曝は、その他の地域の、自然放射線による外部被曝に
比べて特に高いわけではないことが分かりました。それどころか、花崗岩から
の自然放射線が多い、フランスのバスチア（コルシカ島）の方が、福島よりも外

個人線量比較（自然放射線を含む年間推定値）

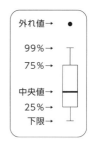

mSv/y

福島県外　福島県内　ヨーロッパ

外れ値→　　●
99%→
75%→
中央値→
25%→
下限→

福山　灘　奈良　多治見　恵那　神奈川　安積　磐城　会津　田村　安達　福島　ボアチェ(仏)　ブローニュ(仏)　バスチア(仏)　ベラルーシ　ポーランド

図3.6　福島県外、福島県内、ヨーロッパの高校生の個人線量比較。論文[8]

部被曝が多かったのです。この結果は、高校生を含む 233 人の著者の共著論文として英国の専門誌に掲載されており、世界中からこれまでに 9 万件近くのダウンロードがありました。

そして残った大問題

　2018 年現在、福島で、内部被曝のリスクは無視しても良いほど低く、外部被曝も、現在、人が居住している地域では、世界各地の自然放射線とあまり変わらないレベルまで低下しています。科学的には、安全に暮らせる状況だと思います。

　しかし、そのことを納得し、安心して暮らせるかどうかは、人によって、また、地域によって違います。BABYSCAN 受検時に保護者に書いていただいた問診票を分析したところ、家庭ごと、地域ごとに、内部被曝のリスク認知には大きな差があることが見えてきました。図 3.7（次ページ）に示すように南相馬市では 6 割近くの家庭で水道水・福島米・福島の野菜を、どれも摂取していない。一方、三春町ではこの割合は 4 ％です。そして、南相馬で

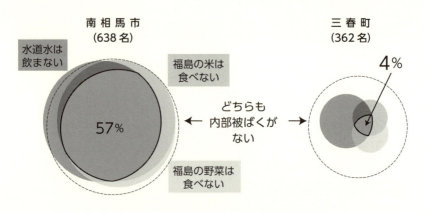

図3.7 南相馬と三春のリスク認知（2014年）

BABYSCANを受検されたお子さんの保護者からは、「水道水を飲んでも良いですか」とか、「外で遊ばせても大丈夫ですか」など、現在でも、事故直後と同じ質問が寄せられているのが現実です。これには、原発との距離感、避難経験の有無、農業再開の程度など、多くの要素が関係していると思われますが、「福島」と一括りに語ることができないことが見えてきます。

また、これまで見つかった甲状腺がんは、原発事故が原因でないことが、国際的なコンセンサスになっていますが[9]、そのように言われてすぐに不安が解消されるわけではないでしょうし、手術を受けられたお子さんのフォローなどにも課題が残ります。

福島での放射線のリスクが、十分に低いレベルであることを示すデータは、この7年で十二分と言っていいほど蓄積されましたが、そのことは、必ずしも広く知られていません。加えて、私がとても心配しているのは、多くの方が、事故の影響が、子孫に及ぶことを懸念していらっしゃることです。

避難指示が出された地域の成人を対象とした福島県による最近の調査（表3.2）では、38%の方が、被曝の影響が子孫に及ぶことは大いにありうる、ないしは、ありうる、とお答えになっています。事故後に最初に行われた調査でこの割合は60%でしたから、減ったとはいえ、依然として非常に多い割合です。

表3.2 放射線の健康影響についての認識（福島県、2015年：上段人数／下段割合）

		可能性は極めて低い	←———————→		可能性は非常に高い	有効回答数
1	現在の放射線被ばくで、後年に生じる健康障害（例えば、がんの発症など）がどのくらい起こると思いますか。	12,568 (34.4%)	12,025 (32.9%)	6,934 (19.0%)	5,043 (13.8%)	36,570
2	現在の放射線被ばくで、次世代以降の人（将来生まれてくる自分の子や孫など）への健康影響がどれくらい起こると思いますか。	10,436 (29.0%)	11,987 (33.3%)	7,903 (22.0%)	5,619 (15.6%)	35,945

　日本には、広島と長崎の原爆被爆という不幸な過去があります。原爆の放射線を受けた方々に対する、70年に及ぶ追跡調査によって、原爆放射線による遺伝的影響が、被爆二世に及んでいないことが、明らかになっています。しかし、被爆された方々や、二世の方々に対し、結婚などに際して、偏見や差別があったことは、悲しい歴史的事実です。

放射線教育の重要性

　広島・長崎よりもはるかに線量が低い福島で、子孫に何かの影響が出ることは、考えられません。しかし、先に述べたように、多くの方が、影響があるのではないかと心配していらっしゃいます。福島で生まれ育った若い方々が、いわれのない偏見・差別を受けないようにするためにも、放射線とその影響に関し、科学的な理解を育む教育に、わが国はもっと力を入れねばなりません。

　日本の義務教育では、30年以上にわたって放射線について教えてきませんでした。放射線に関する教育が中学の理科にようやく復活したのは、2012（平成24）年4月のことです。自然界に放射線が存在すること、自然放射線と同

程度の放射線を受けても健康への影響を恐れる必要がないこと、放射線は医療や産業などで広く利用されていることなどに加え、放射線被曝が「うつらない」こと、原爆放射線を受けた方々の子孫に放射線の影響が認められていないことなど、しっかりと教える必要があります。日本は、広島・長崎の不幸な歴史から学んだことを福島に生かさなければなりません。　　　　　（早野龍五）

参考文献

1　早野龍五・糸井重里「知ろうとすること。」新潮文庫、2014 年。

2　朝日新聞「プロメテウスの罠：給食に福島米 1-19」2013 年 9 月 29 日〜 10 月 18 日連載。

3　Hayano et al., Internal radiocesium contamination of adults and children in Fukushima 7 to 20 months after the Fukushima NPP accident as measured by extensive whole-body-counter surveys Proceedings of the Japan Academy Series B 89 (2013) p.157.

4　電離放射線の線源、影響およびリスク 原子放射線の影響に関する国連科学委員会 UNSCEAR 2013 国連総会報告書 第 I 巻 科学的附属書 A、http://www.unscear.org/unscear/en/fukushima.html より日本語版 PDF へのリンクあり。

5　朝日新聞「プロメテウスの罠：学長の逮捕」2011 年 12 月 9 日。

6　Hayano et al. BABYSCAN: a whole body counter for small children in Fukushima, Journal of Radiological Protection 34 (2014) p.645.

7　Hayano, Measurement and communication: what worked and what did not in Fukushima, Annals of ICRP, (2016) doi:10.1177/0146645316666493

8　Adachi et al., Measurement and comparison of individual external doses of high-school students living in Japan, France, Poland and Belarus - the 'D-shuttle' project- , Journal of Radiological Protection, 36 (2016) p.49.

9　東日本大震災後の原子力事故による放射線被ばくのレベルと影響に関する UNSCEAR 2013 年報告書刊行後の進展：国連科学委員会による今後の作業計画を指し示す 2016 年白書、http://www.unscear.org/unscear/en/fukushima.html より。日本語版 PDF へのリンクあり。

測定値が信用できるか
否かの見分け方

放射能データねつ造事件

　「昭和49年1月29日、衆議院予算委員会の質疑において、国の環境放射能調査に関する財団法人日本分析化学研究所の核種分析データに不正のあることが指摘されました（いわゆる放射能データねつ造事件の発端）。　同研究所が、米国原子力艦関係の試料の分析をはじめとして、原子力に関係するほとんどすべての環境放射能分析を引き受けていたことから、この事件は大きな社会的反響を呼びました。」

　これは、公益財団法人日本分析センターのホームページにある「設立の経緯」からの引用[1]です。今でも掲載されています。放射能データねつ造事件が発覚したのは1974年、日本共産党の不破哲三衆議院議員（当時）が国会で、米原子力潜水艦の日本への寄港に伴う放射能データがねつ造されているという驚くべき事実を指摘したのが発端でした。当時、原子力艦の寄港に伴う港湾の汚染を調査する監督官庁は科学技術庁（現文部科学省）、港湾内の海水・海底土・海産生物の試料採取と放射能分析の大半を行っていたのが日本分析化学研究所（「分析化研」と略称）でした。分析化研はゲルマニウム（Ge）検出器による放射能分析データを何枚もコピーし、実際の分析をやらずに試料名を書き変え、全体の約30％をねつ造していました[2]。また、化学分析データも測定することなく約40％をねつ造していました[2]。この結果、分析化研は同年6月に設立許可を取り消され、新たに発足したのが日本分析センターでした。放射能データをねつ造した分析化研は論外ですが、監督官庁が放射能分析結果をチェックする体制と能力を欠いていたことも私（野口）には驚きでした。

当時、私は理学部化学科3年で、4月からの卒業研究を放射化学研究室で行うことに決めていました。入室したばかりの同研究室では、7月から分析業務を開始する日本分析センターに何人かの先輩が駆り出されていました。この問題で研究室の仲間と議論した時の結論は、放射能分析に専門知識と専門技術が必要であるとはいえ、熟練した研究者でなくてもその気があれば、放射能データねつ造は見抜けたはずだというものでした。同年9月に起きた原子力船「むつ」の放射線漏れ事故とあいまって、原子力行政はその後大きく見直されることになるのですが、本節ではその問題に立ち入ることはしません。

　さて、本節の表題は当初、「政府・自治体の測定値は信用できるのか」というものでした。福島第一原発事故直後の政府の対応が不十分極まりなかったため、政府・自治体の発表する測定値に不信の念を抱く国民は少なくありません。上のように訊かれれば、回答になっていないと読者に叱られるでしょうが、私は文部科学省、厚生労働省、農林水産省、環境省等の国の行政機関や自治体が発表する測定値をいつでも信用できるとは考えていません。信用できるか否かは、測定体制や実際の放射能分析データを見て判断することだからです。まだ専門家の卵でさえなかったとはいえ、放射能分析の入り口に立とうとした時期における上述のような私の原体験が、そのように考えさせる所以です。

熟練者も最初は素人だ

　熟練者といえども、最初は誰もが素人です。信用できる放射能分析データを出すためには、それなりの経験を積む必要があります。信用できるデータを出すためには、実際にどれだけ分析を行ってきたか、その過程でどれだけ失敗を積み重ね、そこから学んでいるかということがとても大切です。逆説的な言い方をすると、たくさん失敗した経験を有する研究者ほど、信用できる分析データを出すことができると私は考えています。それは研究者に限りません。たくさん失敗した経験を有する人ほど、信用できる分析データを出すことができると思います。

　そこで本節の表題を勝手ながら「測定値が信用できるか否かの見分け方」

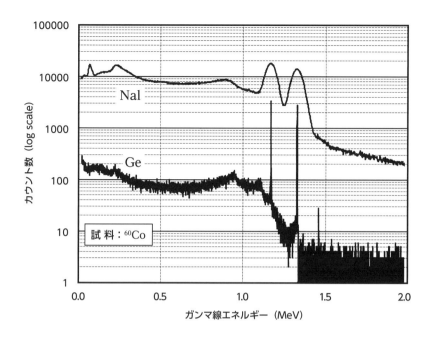

図3.8　NaI（Tl）検出器とGe検出器のガンマ線スペクトルの比較

と変更し、私の考えを述べようと思います。もちろん与えられたテーマについても触れようと思います。

　2012年9月頃のことでしたが、私が放射線健康リスク管理アドバイザーを務める福島県本宮市から、井戸水からセシウム137（半減期30.17年）が検出されたと電話がありました。セシウム134（同2.065年）は検出されていないとのことで、どう考えたらよいかという相談でした。因みに放射線測定器はヨウ化ナトリウム（NaI（Tl））検出器を用いた核種分析装置です。エネルギー分解能はGe検出器に比べて劣るものの、ピーク計数効率が高く、実績のある検出器です。放射線測定の専門家でなくても図3.8を見れば、この辺りの事情は分かると思います。図3.8はコバルト60をNaI（Tl）検出器とGe検出器で測定した時のガンマ線スペクトル[3]です。後述するようにコバルト60から

は1壊変当たり2本のガンマ線（1.173メガエレクトロンボルトと1.333メガエレクトロンボルト）が出てきます。エネルギー分解能の劣るNaI (Tl) 検出器では2本のガンマ線ピーク間が一部重なっていますが、エネルギー分解能の優れたGe検出器ではきれいに分離しています。一方、ピーク計数効率の優れたNaI (Tl) 検出器ではカウント数が多く、ピーク計数効率の劣るGe検出器はカウント数が少ないことも分かります。

　さて、井戸水のセシウム137に話を戻しましょう。福島第一原発事故由来であれば、事故直後のセシウム137とセシウム134の放射能比は1：1、事故の1年半後なら1：0.63ほどになります。セシウム134が検出されてないなら、過去の大気圏内核実験由来のセシウム137であると判断できますが、セシウム137が地表から地下深くに移動して地下水に入ることは考えにくい。土壌の有するイオン交換作用により、大気圏内核実験で降下したセシウム137は地表付近に留まることが分かっていたからです。私は、念のため井戸水のガンマ線スペクトルと印刷した出力結果を送ってくれるよう依頼しました。

　送られてきたガンマ線スペクトルと出力結果を見て、原因はすぐに分かりました。井戸水のセシウム137は検出限界以下だったにも拘わらず、バックグラウンド放射線として必ず測定されるビスマス214の放出する0.609メガエレクトロンボルト（MeV）のガンマ線を、核種ライブラリがセシウム137からのガンマ線（0.662 MeV）と誤認して解析し、出力していたのです。ガンマ線のピーク位置がずれていたことも一因でした。地中に存在するラジウム226（半減期1600年）やさらに大本にあるウラン238（同44億6800万年）の壊変により生成する希ガスのラドン222（同3.82日）は、常に空気中に漏れ出てきます。そのためラドン222の壊変により生成する鉛214（同26.8分）やビスマス214（同19.9分）は、短半減期であるにも拘わらず、常に空気中に存在します。これがバックグラウンド放射線の中に鉛214やビスマス214が存在する理由です。

　ガンマ線スペクトルを見ると、バックグラウンド放射線として必ず測定される鉛214の放出する0.352 MeVのガンマ線を、核種ライブラリがヨウ素131からのガンマ線（0.365 MeV）と誤認していることも分かりました。ヨウ

素 131 については、運転停止から 1 年半経っているため、市の担当職員も何かの間違いだと考えていたようで、当初から問題視していませんでした。

　以上が事の真相です。ガンマ線のピーク位置はずれることがあるので、時々は汚染土壌を放射能線源として測定し、セシウム 137 とセシウム 134 のガンマ線のピーク位置を確認してくださいと私は担当職員に伝えました。以来、この種の相談事はなくなりました。

　こんなこともありました。本宮市内の学校給食及び食材の放射能分析をしている現場を視察している時、食材を細かく粉砕して容器に入れてすぐに測定すると、放射性セシウムの放射能濃度の数値が大きく出る。時間が経つと、徐々に数値は小さくなる。3 時間ほど経ってから測定すると数値が安定する。安定した数値になるまで待ってから測定するようにしているが、原因は何ですか、と担当職員が質問してきました。核種分析装置に異常はなかったため、原因は容易に分かりました。食材を粉砕して容器に入れる工程で空気中に粉塵とともに漂っていた鉛 214 やビスマス 214 が食材に付着し、その結果、放射性セシウムの数値が過大に評価されていたのです。鉛 214 もビスマス 214 も半減期が短いため、空気との接触を断って 3 時間ほどすればその放射能はほぼゼロに減衰し、放射性セシウムのみとなるため数値が安定するのです。理由は分からないまでも、放射能分析を正しく行うために創意工夫している担当職員の対応を知って、私は感心するとともに安心したのを覚えています。

　こうした対応はおそらく本宮市に限らず、福島県庁や多くの市町村の担当職員が経験していることだと思います。それ故、一般論ですが、県や市町村の発表する放射能分析データを私は信用しています。また、国の行政機関などが発表している放射能や空間線量率の測定データは、これらの機関はとりまとめて発表しているだけであって、実際に測定しているのは日本原子力研究開発機構（JAEA）、量子科学技術研究開発機構放射線医学総合研究所（放医研）や日本分析センターなど、福島県でいえば県農業総合センターなどの専門家集団です。これも一般論になりますが、熟練した専門家の出した測定データを私は信用しています。事故直後の政府の対応が不十分極まりなかったとは

いえ、そのことを理由に行政機関の取りまとめたデータをいっさい信用しないのは賢明な見方ではないと思います。

熟練者も間違えることはある

　一般論としては、前述したように熟練者の出すデータを私は信用しています。熟練者は多くの試料を分析し、失敗を重ね、そこから多くのことを学んでいるに相違ないからです。しかし、何度も同じ間違いを繰り返す人（こういう人を熟練者とはいわない）は信用できないとしても、熟練者も人間ですから時には間違えることもあります。

　環境試料の放射能分析は、それなりの経験が必要です。Ge 検出器を用いた核種分析装置によるガンマ線スペクトル分析では、測定環境下に存在するバックグラウンド放射線と試料中から放出されるガンマ線を識別する、あるいは試料中から放出されるガンマ線同士を識別して放射性物質の種類と放射能量を求めることは結構難しいものです。現在の核種分析装置にはガンマ線スペクトルを解析して放射性物質の種類と放射能量を算出する「核種ライブラリ」と呼ばれるソフトウェアが組み込まれていますが、本宮市の井戸水のところで触れたように、核種ライブラリが間違った解析をすることもあります。核種ライブラリの出力結果を検証もせずそのまま鵜呑みにすると、手痛い失敗をすることになります。

　たとえば原発事故直後の 3 月 25 日、1 号機タービン建屋地下の溜まり水から塩素 38（半減期 37.2 分）が 1 ミリリットル（mL）当たり 160 万ベクレル検出されたと東京電力が発表しました[4]。原子炉の運転停止から 2 週間経った時点で短半減期の塩素 38 が高濃度で検出されたことは、何を意味するでしょうか。1 号機では 3 月 12 日以降、消防車による海水注入を開始していました。海水に含まれる塩分のおよそ 78% は塩化ナトリウムです。塩素 38 は塩素 37 原子核が中性子を吸収することにより生成します。それ故、タービン建屋地下の溜まり水から塩素 38 が検出されたとすれば、1 号機で再び核分裂連鎖反応

が起きている可能性があります。再臨界の可能性を指摘する専門家も現れましたが、私は当初から再臨界に懐疑的でした。理由は3つあります。もし再臨界が本当に起きているなら、①ナトリウム23原子核が中性子を吸収することにより生成するナトリウム24（同15.0時間）が溜まり水から検出されるはずなのに、検出されていないこと。②核分裂連鎖反応時に放出される中性子線の線量率の上昇があるはずなのに、その情報がなかったこと。③短半減期の核分裂生成物が高濃度で検出されるはずなのに、検出されていないこと。

　特に③は重要です。核分裂生成物はタービン建屋地下の溜まり水に留まることなく外部環境に漏出するので、隠し通せるものではないからです。しかも核分裂の際に放出される中性子が原子核に吸収されて生成する塩素38やナトリウム24とは異なり、核分裂の結果直接生成する核分裂生成物ですから、その放射能は塩素38やナトリウム24より桁違いに高いはずです。それが検出されていないからには再臨界に否定的にならざるを得ない。記憶によれば、確か数時間後（3月25日夜）には塩素38の放射能データが間違っていたことを東京電力は発表していたと思います。

　後日発表された詳しい資料[5]によれば、この問題は塩素38のガンマ線のピーク（1.643 MeV）が存在しないにも拘わらず核種ライブラリがこれを当該ピークと誤認し、しかも測定時の放射能濃度を試料採取時点にさかのぼって約8,800倍して補正したため、1 mL当たり160万ベクレルとなったことが分かりました。東京電力は、「計測機器（Ge半導体スペクトロメータ）が出力した結果をそのまま引用してしまい評価結果を誤ってしまった。本来、核種分析の評価においては、スペクトル確認（ピーク検索など）や当該核種の生成される状況なども合わせて検討すべきであった。」と反省の弁を述べています。これは素人ならともかく、専門家としては信じがたいような凡ミスです。当時、福島第一原発の職員たちは事故対応に追われて自宅に帰れず、1日2回のコンビニ弁当の食事、風呂にも入っていないという状況が伝わってきていました。こうした凡ミスを犯したのは、福島第一原発の職員たちが相当に疲弊しているからではないかと心配したのを私は覚えています[6]。

放射能が何かを知らない専門家は信用できない

　ある種の原子核が自発的に別の種類の原子核に変化する性質を放射能といいます。原子核が壊れて別の種類の原子核に変化するので、この現象を放射性壊変（または単に壊変）ということもあります。壊変の際に原子核から放出されるのが放射線です。アルファ線が放出される場合はアルファ壊変、ベータ線が放出される場合はベータ壊変、ガンマ線が放出される場合はガンマ壊変（またはガンマ転移）と呼んでいます。放射能の強さの単位はベクレル（単位記号Bq）で、1秒間に1壊変する時、1ベクレルであるといいます。

　ガンマ線照射用の線源にコバルト60（半減期5.27年）があります。コバルト60は1壊変当たり1本のベータ線と2本のガンマ線を放出します。それ故、100ベクレルの放射能の強さを有するコバルト60からは、1秒間あたりベータ線が100本、ガンマ線が200本、計300本、出てくることになります。

　ところが「毎秒1個の放射線を出す割合を1ベクレルという」と書いている本[7]があります。ベクレルは「放射線を出す激しさを表す単位で、1秒あたりに出る放射線の数を表す」とも明記しています。著者らは放射能が何かをまったく理解していない人たちです。著者らの言説によれば、1秒間に1壊変するコバルト60は、3本の放射線を出すので3ベクレルになってしまいます。1秒間に1壊変する時の放射能の強さが1ベクレルですから、この場合は1ベクレルが正解です。

　著者らのひとりは医師[8]ですが、放射線測定も放射能分析も行った経験はないはずです。ほんの少しでも経験があれば、このような間違った記述をすることはないからです。福島第一原発事故後にしばしば耳にするようになった「ガンマ線で1ベクレルならばベータ線を考慮すれば2ベクレル」や「ガンマ線で1ベクレルならばベータ線を考慮すれば体内に○○ベクレル」などというフレーズも、前述の間違った言説と同根です。このような間違った言説を平気で唱えることのできる研究者も、おそらく真っ当な意味で放射線測定も放射能分析も行った経験がないと考えざるを得ません。放射能が何かを知らない

か誤認している人たちが正しい放射能分析を行い、放射能の数値を正しく出せるはずはないと思います。

イデオロギーや立場に囚われた人は信用できない

専門家なのに専門家として発言せず、反原発運動（あるいは原発推進運動）の立場を優先して発言する人を私は信用しません。その立場によって放射能分析データ自体が大きく変わることはないでしょうが、データ解釈・評価が大きく歪められることはあり得るからです。

たとえば前述した1号機タービン建屋地下の溜まり水から塩素38が高濃度で検出されたと東京電力が発表した時、数時間後に東京電力が間違っていたと訂正したにも拘わらず、塩素38の検出を理由に、再臨界が起きていると何週間も発言し続けた専門家がいました[9]。前述した3点を理由に、私自身は再臨界に否定的でした[9]。当時、多くの専門家は、①ナトリウム24が溜まり水から検出されなかったことを理由に、再臨界を否定的に考えていました。私は、ナトリウム24が不検出であることに加え、②中性子線の線量率上昇の情報がない、③短半減期の核分裂生成物が検出されていないことを否定的に考える理由に挙げていました。②は東京電力が発表しない限り分からない話ですが、③は隠し通せるものではありません。しかも東京電力が塩素38の検出は間違いであったと訂正しているのですから、通常は東京電力の初めのデータ解析に問題があったと考えます。そうであるにも拘わらず塩素38が検出されたとする東京電力の最初の発表にのみ拘泥して再臨界の可能性を何週間も主張し続けることは、あまりに反原発の立場を優先させた偏向した主張ではないでしょうか。再臨界が起きていれば、反原発運動に有利だとでも考えたのでしょうか。私には理解できかねます。

放射能分析データ関連ではないですが、もうひとつ例を挙げましょう。2014年4〜5月、漫画『美味しんぼ』福島の真実編で原作者は、「福島の人たちに、危ないところから逃げる勇気を持ってほしい」と主人公の父親に言わせます。実は福島県民に自主避難を呼びかけるこの主張が、「福島の真実」編

全体の主題でした 10。原作者の意図を忖度する形で、実名で登場する前双葉町長が「鼻血が出たり、ひどい疲労感で苦しむ人が大勢いるのは、被ばくしたからです」「福島県内に住むなと言っている」「私はとにかく、今の福島に住んではいけないと言いたい」などと印象操作を繰り出します 10。また、実名で登場する福島大学准教授も前双葉町長に負けじと、「除染をしても汚染は取れない」「汚染物質が山などから流れ込んで来て、すぐに数値が戻る」「除染作業は危険」などと、印象操作を繰り出します 10。

　同じく実名で登場する岐阜県の開業医も、「大阪で、受け入れたガレキを処理する焼却場の近くに住む住民 1,000 人ほどを対象に」調査した結果として、「鼻血、眼、のどや皮膚などに、不快な症状を訴える人が約 800 人もあったのです。」などと印象操作を繰り出します 10。そもそも大阪市で請け負った震災がれきは岩手県内のものであり、県名を伏せ、「福島の真実」編で語るなど不誠実極まりない。実際に調査した震災がれきの広域処理に反対する大阪の団体も、インターネットによる呼びかけで投稿してきた自己申告の集約結果であり、「実際に症状が出ているのか、回答者は実在するのかなどは確認していない」11 と言います。しかも投稿者の居住地は近畿一円で、大阪市内は約 3 割でしかありません。調査対象者は、「受け入れたガレキを処理する焼却場近くに住む住民 1,000 人」とはほど遠い実態です。この問題を報じた記事 11 によれば、「『科学的根拠を得るには、専門家が一例ずつ見る必要がある。だが何の連絡もなく、突然違う内容で掲載された』と困惑する。」とあり、信頼性に欠ける調査結果を無断で突然『美味しんぼ』に掲載された調査団体の困惑ぶりが窺えます。大阪府と大阪市が焼却場のある「此花区の医師会などに確認したが、そのような症状はない」として出版社に抗議したのは当然のことでしょう。

　「福島の真実」編に実名で登場する上記の人たち、いわば脱原発・脱被曝ファーストの人たちを私は信用していません。イデオロギーや立場にあまりに囚われており、科学的に物事を見て判断する目が相当に曇っていると考えるからです。環境や食品の放射能汚染の程度、各地の空間線量率の程度、除染の効果などで専門家と呼ばれる人たちの評価を見る際は、科学者・研究者とし

て発言しているか、それとも反原発運動（あるいは原発推進運動）の活動家の立場を優先させて発言しているかという視点を持つことが必要です。

（野口邦和）

参考文献

1　公益財団法人日本分析センター：同センター HP。
　　https://www.jcac.or.jp/site/about-jcac/jcac-progress.html

2　原子力委員会：昭和49, 50 年版原子力白書（昭和50年9月）、第2章。

3　公益社団法人日本アイソトープ協会：第一種放射線取扱主任者講習実習テキスト。

4　福島第一1号機タービン建屋地下階の溜まり水の核種分析結果。
　　http://warp.ndl.go.jp/info:ndljp/pid/6086248/www.meti.go.jp/press/2011/04/20110420006/20110420006-3.pdf

5　東京電力㈱：核種分析結果の再評価における訂正のポイントについて、平成23年4月20日。
　　http://warp.ndl.go.jp/info:ndljp/pid/6086248/www.meti.go.jp/press/2011/04/20110420006/20110420006-7.pdf

6　同時期に東京電力は、セシウム134 のガンマ線のピークをヨウ素134 と誤認するなど、いくつかの凡ミスを繰り返しています。事故発生から約2週間経った時期に相当し、福島第一原発職員の疲労度は極限に近かったのではないかと推察します。

7　肥田舜太郎・鎌仲ひとみ：内部被曝の脅威、78 ページ、筑摩書房。

8　肥田舜太郎氏が日本被団協原爆被爆者中央相談所理事長を務めるなど、広島市の被爆医師として生涯にわたって被爆者運動を支えてきたことを私は高く評価しています。しかし、氏の放射線影響についての言説は間違いが非常に多い。それは悪しき経験主義と無知（不勉強）に由来するものであり、福島第一原発事故後の氏の言説はその欠点が際立っており、時に有害でさえありました。

9　週刊新潮2011年4月28日号、鎮まらぬ「福島第一原発」専門学者4人に訊く、117〜122ページ。

10　『美味しんぼ』「福島の真実」編の間違いやでたらめぶりについては、児玉一八・清水修二・野口邦和『放射線被曝の理科・社会』（かもがわ出版、2014 年）やビックコミックスピリッツHP 掲載の「『美味しんぼ』福島の真実編に寄せられたご批判とご意見、編集部の見解」にある拙論を参照されたい。
　　http://spi-net.jp/special/spi20140519/spi20140519.pdf

11　朝日新聞朝刊2014 年5月16日付け。

⑶ 年間20ミリシーベルト基準をめぐって

被曝状況の分類

国際放射線防護委員会[1] (ICRP) は 2007 年勧告[2] の中で、人の被曝が生じる状況を「計画被曝」、「緊急時被曝」及び「現存被曝」の 3 つに整理しました。計画被曝状況は、被曝が生じる前に放射線防護対策を前もって計画することができる状況、いわば被曝源の制御が可能な平常時の被曝状況をいいます。緊急時被曝状況は、緊急に放射線防護対策が求められる不測の状況、いわば原発事故当初のような被曝源の制御が困難な緊急時の被曝状況をいいます。現存被曝状況は、何らかの放射線防護対策を決定する時点ですでに被曝源が存在する状況、いわば緊急時収束後の復旧期の被曝状況をいいます。

LNT仮説と放射線防護3原則

ICRP の放射線防護の基本的考え方は、およそ 100 ミリシーベルト (mSv) 以下の低線量領域においても、線量の増加に正比例して被曝に起因するがんや遺伝的影響の発生率が増加するという仮定に基づいています。この仮定は、「しきい値なしの直線」仮説、"Linear Non-Threshold" の頭文字をとって、いわゆる LNT 仮説[3] として知られています。LNT 仮説を前提に ICRP は、放射線防護3原則として知られる、「正当化」、「防護の最適化」及び「線量限度の適用」を提唱しています。

正当化の原則は、得られる便益が被曝のリスクを上回る場合のみ、被曝を伴う行為は認められるというものです。防護の最適化の原則は、被曝の可能性、

被曝する人数及び被曝する個人の線量のすべてが経済的及び社会的な要因を考慮に入れながら、合理的に達成できる限り低く保たれなければならないというものです。「合理的に達成できる限り低く」(as low as reasonably achievable) の頭文字をとって、ALARA (アララ) の原則と呼ばれることもあります。正当化と防護の最適化の原則は、前述の3つの被曝状況のすべてに適用されます。

　線量限度の適用の原則は、患者の医療被曝を除く計画被曝状況にのみ適用され、規制された線源に起因する個人の総線量はICRPが勧告する線量限度を超えるべきではないというものです。大部分の自然放射線は規制対象外であるため、線量限度には含まれません。また、患者の医療被曝を除く理由は、線量限度を設けることにより、患者にとって必要な医療行為が制限され、患者が得られる便益を損なう可能性があるからです。それ故、医療被曝を除く計画被曝状況においては正当化→防護の最適化→線量限度の適用の順、医療被曝においては正当化→防護の最適化の順で適用され、これらすべてを満たす被曝のみが認められるというのがICRPの放射線防護3原則です。

　なお、線量限度はそこまで被曝して良いという値ではなく、そこを超えて被曝するべきではないという、いわば被曝の上限値です。また、安全と危険の境界を示す値でもありません。この点は誤解をしないようにしたいものです。また、線量限度の適用の原則を緊急時被曝及び現存被曝状況に適用しない理由は、線源の制御が困難な状況下においては、そこを超えて被曝するべきではないと線量限度を設けても意味がないからです。ただし、放射線職業人として事故後の復旧回復作業等に従事する場合は、計画された職業被曝の一部として扱うべきであるとICRPは述べています。日本の放射線障害防止法令においても、計画被曝状況時と事故対応時とで放射線職業人の線量限度をそれぞれ別に定めています。

参考レベルと線量拘束値

　ICRP2007年勧告は、緊急時被曝及び現存被曝状況において防護の最適化の原則を進めるため、「参考レベル」という新しい概念を導入しています。原

発事故や核テロなどの非常事態が起こった場合、規制機関は重大な身体的障害の発生を防止することを第一に考えて対応することになります。緊急時被曝及び現存被曝状況において、特定の被曝源に対する放射線防護対策を検討する場合の、防護の最適化のための目標値となるのが参考レベルです。参考レベルを超える被曝の発生を許すような防護計画の策定は不適切であり、参考レベルを超えないように防護計画は策定されなければなりません。しかし、参考レベルは防護計画の策定段階における目標値なので、策定された防護計画を実施した結果、実施内容の成否によっては線量分布の一部が参考レベルより高くなる場合があり得ます。その場合は、高い線量分布部分が参考レベルを下回るようにする次の対応が規制機関に求められます。

　ICRP は、緊急時被曝状況において防護計画を策定する場合には短期または年間の線量として 20 〜 100mSv、現存被曝状況においては同 1 〜 20mSv の範囲内でそれぞれ参考レベルを設定し、必要な防護計画を策定し実施するよう勧告しています。実際に 20 〜 100mSv または 1 〜 20mSv の範囲のどこに参考レベルを設定するかについては、個々の状況に応じて放射線防護対策を検討する規制機関が具体的に決めることになります。

　一方、ICRP は、計画被曝状況における一般人の線量限度として年間 1mSv を勧告しています。また、計画被曝状況において、年間 1mSv 以下とする「線量拘束値」も勧告しています。線量拘束値は、計画被曝状況における特定の被曝源に対する放射線防護対策を検討する場合の、防護の最適化のための目標値です。緊急時被曝及び現存被曝状況の場合、防護の最適化のための目標値を参考レベルと呼びましたが、線量拘束値はこれと対をなすものといえます。

学校の校舎・校庭の利用基準

　福島第一原発事故後、一般人の被曝線量との関わりで年間 1mSv、同 20mSv、同 100mSv という数値基準を見聞することが多くなりました。中でも頻度の多いのは年間 20mSv 基準です。

表3.3　計画被曝状況においてICRPが勧告する線量限度

線量限度	放射線職業人（職業被曝）	一般人（公衆被曝）
実効線量限度	100 mSv/5年かつ 50 mSv/年	1 mSv/年
以下の組織における 等価線量限度		
眼の水晶体	150 mSv/年	15 mSv/年
皮膚	500 mSv/年	50 mSv/年
手足	500 mSv/年	―

表3.4　放射線防護計画に用いられる線量拘束値と参考レベル

被曝状況	職業被曝	公衆被曝
計画被曝	線量限度	線量限度
	線量拘束値	線量拘束値
緊急時被曝	参考レベル[a]	参考レベル
現存被曝	― [b]	参考レベル

a) 長期的な回復作業は、計画された職業被曝の一部として扱うべきである。
b) 長期的な改善作業や影響を受けた場所での長期の雇用によって生ずる被曝は、
　たとえその線源が"現存"するとしても、計画職業被曝の一部として扱うべきである。

**表3.5　放射線障害防止法令における事故対応時（緊急時）の
放射線職業人の線量限度**

線量限度	放射線職業人（職業被曝）[a]
実効線量限度	100 mSv[b]
以下の組織における等価線量限度	
眼の水晶体	300 mSv[b]
皮膚	1 Sv[b]

a) 妊娠する可能性がある女性は緊急作業に従事してはならない。
b) 緊急作業に従事する間。

福島第一原発事故後に年間20mSvの基準を最初に見聞したのは、2011年4月19日に文部科学省が「福島県内の学校等の校舎・校庭等の利用判断における暫定的考え方について」[4]を福島県教育委員会等に発出した時です。「暫定的考え方」は、「幼児、児童及び生徒（以下、「児童生徒等」という。）が学校に通える地域においては、非常事態収束後の参考レベルの1－20mSv/年を学校の校舎・校庭等の利用判断における暫定的な目安とし、今後できる限り、児童生徒等の受ける線量を減らしていくことが適切であると考えられる」（傍点は野口）と述べました。また、屋内（木造建物）で16時間、屋外で8時間を過ごす生活様式を想定し、年間20mSvに達する空間線量率は、屋外で毎時3.8マイクロシーベルト（μSv）、屋内（木造建物）で毎時1.52μSvである[5]とした上で、この数値を下回る学校では平常どおりの活動、屋外で毎時3.8μSvを上回る学校では校庭の活動を1日に1時間程度に制限するよう同県教育委員会等に通知しました。

　「暫定的考え方」は、発出当初から大層評判の悪いものでした。特に毎時3.8μSvの数値をめぐって、「子どもに年間20mSvの被曝を許容するのか」という強い批判がありました。この理由は、東日本大震災・福島第一原発事故という未曽有の大災害により社会が混乱していた上、事故直後の政府の対応が不十分極まりなく、また国民の中に誤解もあったからだと思います。そもそも「暫定的考え方」は「夏季休業終了（おおむね同年8月下旬）までの期間を対象とした暫定的なもの」として学校の校舎・校庭の利用の判断基準となる考え方を示したものであり、年間20mSvの被曝を許容したものではありません。

　誤解を払拭するためだと思いますが、同年5月27日に文部科学省は、「福島県内における児童生徒等が学校等において受ける線量低減に向けた当面の対応について」[6]を発表しました。「当面の対応」は、「暫定的考え方で示した年間1ミリシーベルトから20ミリシーベルトを目安とし、今後できる限り、児童生徒等の受ける線量を減らしていくという基本に立って、今年度、学校において児童生徒等が受ける線量について、当面、年間1ミリシーベルト以下を目指す」（傍点は野口）と述べました。この記述から「当面の対応」は「暫定的考え方」を変更したものでないことは明らかですが、文部科学省が国民

に丁寧に説明しなかったこともあって、年間20mSvの基準から同1mSvの基準への変更であると誤解した国民が大勢いたのではないでしょうか。

当時、「暫定的考え方」にある年間20mSvという校庭・園庭の利用基準は、緊急時被曝状況における参考レベルの線量目安である年間20〜100mSvの下限値を採ったものか、それとも現存被曝状況における参考レベルの線量目安である年間1〜20mSvの上限値を採ったものかという議論があったと記憶しています。しかし、「暫定的考え方」を読めば疑問の余地はなく、年間1〜20mSvの上限値を採ったものであることは明らかです。そもそも緊急時被曝状況において児童生徒等が学校に通う状況は想定し難いのではないでしょうか。

同年4月29〜30日、私（野口）は事故後初めて福島県に行き講演しました。4回の講演うち2回は、県立安達高校PTAと県教職員組合西白河支部がそれぞれ主催したものでした。質疑応答における中心点の1つは校庭・園庭の利用基準をめぐる問題で、「子どもに年間20mSvの被曝を許容するのか」という議論でした。なお、県立安達高校では講演の前に、私が持参した日立アロカメディカル㈱製（現日立ヘルスケア・マニュファクチャリング）の携帯用放射線測定器を用いて、同校の物理学の教師と一緒に校庭を中心に学校内を測定して回りました。校庭で毎時2マイクロシーベルト（μSv）を少し超える所は何カ所かありましたが、最大でも毎時2.5μSv以下でした。校舎内はどこも毎時0.1μSv台で、毎時0.2μSvを超える所はありませんでした。総じてコンクリート校舎内の空間線量率は屋外の10分の1以下であり、放射線透過係数は木造建物よりだいぶ低いと思いました。それにもかかわらず、「これまでグラウンドで実施していた体育の授業は、事故後は現在まですべて体育館で実施しています」と、私を案内した教師は話していました。「暫定的考え方」は年間20mSvという数値だけが独り歩きし、その内容は国民に十分理解されてなかったし、残念ながら信用されてもなかったと思います。

避難指示基準と避難指示解除3要件

福島第一原発の半径20km圏内の地域は、2011年3月12日に避難指示区域

に設定されました。同年4月22日、同原発の状況が不安定な中にあって、半径20km圏内の地域を原則立入禁止とする、より厳しい規制措置として「警戒区域」が設定されました。同月同日、半径20km以遠の地域で、かつ事故発生から1年間の積算線量が20mSvを超えるおそれのある地域として「計画的避難区域」も設定されました。警戒区域及び計画的避難区域はその後、「帰還困難区域」、「居住制限区域」及び「避難指示解除準備区域」に見直されました。こうした経緯から、避難指示基準は、緊急時被曝状況における参考レベルの線量目安である年間20〜100mSvの下限値を採ったものであることは明らかです。

　それなら避難指示の解除基準は年間20mSvなのかといえば、そう単純な話ではありません。この問題に関連して2015年12月、環境省及び福島県主催の放射線アドバイザーによる専門家意見交換会の場でも議論になったことがあります。南相馬市で解除された際の指示文書によれば、「解除後1年間の積算線量が20mSv以下であることが確実であることが確認された場合には、解除することとする」と明記されているとある専門家は発言しました。実はこの時、この専門家は言わなかったのですが、これは「特定避難勧奨地点」の解除指示文書の文言でした。特定避難勧奨地点は、避難指示区域の外側でスポット的に年間積算線量が20mSvを超えると推定される地点について、国が2011年に指定し（南相馬市で全142地点〈152世帯〉、伊達市で全117地点〈128世帯〉、川内村で全1地点〈1世帯〉）、住民への注意喚起や避難の支援を実施したものでした。玄関先と庭先のそれぞれ地上1m及び50cmの高さにおける空間線量率を測定し、高い方の数値が毎時3.8μSv以下であることが確実であることが確認されれば、解除するのは当然のことです。

　私がここで問題にしているのは特定避難勧奨地点の解除ではなく、避難指示の解除です。帰還困難区域を除き、2017年4月1日をもって避難指示区域はほぼ解除されましたが、解除についての指示文書には特定避難勧奨地点の解除指示文書にあるような文言はありません。代わりに、「平成23年12月26日に原子力災害対策本部において決定した『ステップ2の完了を受けた警戒区域及び避難指示区域の見直しに関する基本的考え方及び今後の検討課題

について』に基づき、……解除し、居住者等に対してその旨周知すること」と明記されています。また、2016年5月以降は、「平成27年6月12日に原子力災害対策本部において決定した『「原子力災害からの福島復興の加速に向けて」改訂』における避難指示解除の要件を満たすことから、……解除し、居住者等に対してその旨を周知すること」と例外なく明記されています。「解除後1年間の積算線量が20mSv以下であることが確実であることが確認された場合には、解除することとする」などとはどこにも記されていません。

　しかし、前述の原子力災害対策本部の文書には、「避難指示解除の3要件」と呼ばれる基本的考え方がはっきりと明示されています。ここでは環境省放射線健康管理担当参事官室等発行の資料[7]から、避難指示解除の3要件を引用します。

　「避難指示解除の3要件
　①空間線量率で推定された年間積算線量が20ミリシーベルト以下となることが確実であること
　②電気、ガス、上下水道、主要交通機関網、通信等日常生活に必須なインフラや医療・介護・郵便等の生活関連サービスが概ね復旧すること、子どもの生活環境を中心とする除染作業が十分に進捗すること
　③県、市町村、住民の皆様との十分な協議
　　国は、インフラや生活関連サービスの復旧や除染を進めながら、地元との協議をしっかり踏まえた上で、順次、避難指示を解除していく方針です。」

　この記述から明らかなように、年間20mSvは、避難指示解除のための要件の1つに過ぎません。したがって、避難指示の解除基準を年間20mSvであると単純化し、「年間20mSvで帰還させようとしている」という批判は、的が外れています。前述の原子力災害対策本部の文書でも、居住制限区域は、「年間20ミリシーベルト以下であることが確実であることが確認された場合は、『避難指示解除準備区域』に移行することとする」と明記されています。

　避難指示解除準備区域においては、日常生活に必須なインフラや生活関連サービスが概ね復旧し、かつ子どもの生活環境を中心とする除染作業が十分に進捗

した段階で、県、市町村、住民との協議に入ることになりますが、私が問題だと思うのは、除染作業が十分に進捗したか否かの判断基準が示されていないことです。判断基準がないまま県、市町村、住民と協議しているはずはないでしょう。避難指示解除のための判断基準がたとえば年間5mSv近傍なのか、あるいは3mSv近傍なのかがさっぱり分かりません。これでは「県、市町村、住民の皆様との十分な協議」と言われても、到底納得できないのではないでしょうか。

新聞報道[8]によれば、復興庁の中嶋護参事官は避難指示解除3要件の中の③に関連して、「"地元"とは、あくまで『協議』であり合意ではない。丁寧に説明することです」と発言しています。しかも「その"地元"も町村の議会であり、住民は念頭にない」とまで言い放っているといいます。これが事実であるならば、中嶋参事官の発言は、避難指示解除の3要件から著しく逸脱しているのではないでしょうか。確かに「合意」とは書いてありませんが、「県、市町村、住民の皆様との十分な協議」あるいは「地元との協議をしっかり踏まえた上で」とあります。国語辞典を引用するまでもなく、「説明」は一方が他方に事柄の内容を分かるように解き明かすこと、「協議」は双方が寄り集まって相談することを意味します。「十分な協議」をすることと「丁寧に説明する」こととはまったく次元が異なります。双方が十分に協議すれば、双方にとっての落としどころは自ずと見えてくるはずです。政府は自ら決めた避難指示解除の3要件を後退させることなく、しっかり遵守するべきです。そうでなければ「初めに解除ありきではないか」と批判されても、弁解の余地はないでしょう。　　　　　　（野口邦和）

参考文献

1　国際放射線防護委員会（ICRP）は、国際放射線医学会議（ICR）に設置されている専門委員会の1つで、1928年に国際エックス線及びラジウム防護委員会（IXRPC）として発足しました。1950年にICRから独立し、防護対象を医療放射線分野からすべての放射線利用分野に拡大して現在の名称に変更されました。放射線防護に関する国際的な勧告活動を通じて世界各国の放射線防護関連法規の枠組みを与えるなど、拘束力を持たない任意団体ですが、大きな影響力を持っています。

2　ICRP〔2007〕国際放射線防護委員会の2007年勧告（ICRP Publ.103）、ICRP勧告翻訳検討委員会、社団法人日本アイソトープ協会.

3　ICRPは2007年勧告の中で、LNTについて、「生物学的真実として世界的に受け入れられているのではなく、むしろ、我々が極く低線量の被曝にどの程度のリスクが伴うのかを実際に知らないため、被曝による不必要なリスクを避けることを目的とした公共政策のための慎重な判断であると考えられている。」と

述べています。

4 文部科学省〔2011〕福島県内の学校等の校舎・校庭等の利用判断における暫定的考え方について。

5 家屋（木造）の放射線透過係数を 0.4 とすると、算出の根拠は以下のとおりです。3.8（μS／時間）×8（時間／日）＋3.8（μSv／時間）×0.4×16（時間／日）＝3.8（μS／時間）×8（時間／日）＋1.52（μSv／時間）×16（時間／日）＝54.72（μSv／日），54.72（μSv／日）×365（日／年）×0.001（mSv／μSv）≒20（mSv／年）。以上の導出過程から明らかなように、放射線測定器による空間線量率（1cm 周辺線量当量率）と外部線量（実効線量）が同じものとして扱っています。すなわち（1cm 線量当量）≒（実効線量）です。事故当初はやむを得なかったかも知れませんが、放射性セシウムの場合、実際には（1cm 線量当量）×0.7≒（実効線量）の関係にあります。このため、空間線量率が屋外 3.8 μSv／時、屋内（木造）1.52 μSv／時に相当する実効線量はおよそ1年間 14mSv になります。この点を文部科学省は国民にきちんと説明すべきですが、未だに説明していません。

6 文部科学省〔2011〕福島県内における児童生徒等が学校等において受ける線量低減に向けた当面の対応について。

7 環境省放射線健康管理担当参事官室・国立研究開発法人量子科学技術研究開発機構放射線医学総合研究所〔2017〕図説ハンドブック下巻福島第一原発事故とその後の推移（省庁等の取組）（平成28 年度版）。

8 しんぶん赤旗：2017 年 2 月 22 日。

⑷
除染目標1ミリシーベルトを考察する

　原子力規制委員会は福島第一原発事故により放出された放射性物質の除染について、「国際放射線防護委員会（ICRP）における現存被曝状況の放射線防護の考え方を踏まえ、以下について、国が責任をもって取組むことが必要である。長期目標として、帰還後に個人が受ける追加被曝線量が年間1ミリシーベルト以下になるよう目指すこと」としています（原子力規制会「帰還に向けた安全・安心対策に関する基本的考え方」2013 年 11 月 20 日）。福島県内での放射性物

質の除染は「放射性物質汚染対処特措法」に基づき、避難指示地域の除染は国の直轄で、その他の地域の除染は当該市町村の直轄で行われています。年間1ミリシーベルト（1mSv/年）は、現存被曝状況での参考レベルの下限値であり、同時に、計画被曝状況の線量限度でもあります（現存被曝状況、計画被曝状況、参考レベル、線量限度については、前節にくわしい説明が書いてあります。）。

　ICRPが平時における一般人の線量限度として勧告している1mSv/年は、自然放射線の変動をふまえて設定されています。日本のさまざまな地域で地表での自然放射線量を測ると、0.8〜1.2mSv/年くらいの範囲でちらばっています。国ごとの自然放射線量の平均値を比較すると、日本（2.09mSv/年）に比べてフィンランドやスウェーデンが3倍ほど、フランス、スペイン、ポルトガルが2倍ほど高くなっています。日本の平均自然放射線量の2.09mSv/年に追加線量1mSv/年を加えても、ヨーロッパの多くの国々の自然放射線量の範囲におさまっています。

　また、「1」mSv/年は切りのいい数字として線量限度になっており、これを少しでも超えたらダメというものではありません。ですから「1mSv/年＝0.23μSv/時である。だから0.24μSv/年は、0.23μSv/年を超えているからダメ」ということにはなりません。

放射線測定器が異なると測っている線量も異なっている

　事故発生後の初期には、ガラスバッジなどの個人線量計（個人が被曝した放射線量を測定するための装置）による測定が困難であったため、年間1mSvに相当する空間線量率として0.23μSv/時が示され、この基準に沿って除染計画が立てられて除染が進められてきました。その後、個人線量の測定データが蓄積されていく中で、0.23μSv/時が年間1mSvに相当するという換算は明らかに過大であることが示され、被曝線量の評価は空間線量から推定される被曝線量ではなく、個人線量を用いることを基本とすべきであるという方向に変わっていきました。ところが現在でも1mSv/年＝0.23μSv/時の考え方が残っていて、除染目標の達成と住民の帰還に影響を与えています。ここでは、

被曝線量の測定について考えてみることにします。

原子力規制委員会は「放射線モニタリング情報」というサイトで、全国と福島県の空間線量率の測定結果をリアルタイムで公表しています（http://radioactivity.nsr.go.jp/ja/）。ここには「リアルタイム線量測定システム」、「可搬型モニタリングポスト」、「固定型モニタリングポスト」で測定された値がいずれも「μSv/時」で示されていますが、それらの値の意味は実は同じではありません。

放射線を浴びた量（被曝線量）には、表3.6のように異なったさまざまな量があります。被曝線量として最初に考案されたのは「吸収線量」（単位はグレイ、Gy）です。ところが同じ1Gyを被曝した場合でも、放射線がアルファ線なのか、それともベータ線やガンマ線なのかによって、受けるダメージは全く違います。そのため、人体に対する放射線の影響を評価する尺度として、吸収線量はあまり正確でありません。

そこで考案されたのが「等価線量」（単位はシーベルト、Sv）で、放射線の種

表3.6　さまざまな被曝線量とその意味するもの

	単位	定義・意味
吸収線量	グレイ (Gy)	人体などの被照射物質の単位質量当たりに吸収される放射線のエネルギー
等価線量	シーベルト (Sv)	同じ吸収線量であっても、放射線の種類やそのエネルギーの大きさの違いによって人体に与える影響の程度が異なることを考慮して、放射線防護の目的のために考案された人体の被曝線量を表す尺度。臓器・組織の等価線量＝臓器・組織の平均吸収線量×放射線荷重係数
実効線量	シーベルト (Sv)	全身被曝か局所被曝かといった被曝形式の違いや、被曝した臓器・組織の種類を考慮して、被曝が原因で生ずる発がんの程度を一律に評価する被曝線量として考案された尺度。臓器・組織ごとに「等価線量×組織荷重係数」を計算し、それをすべての臓器・臓器について足し算した値が実効線量になる
線量当量	シーベルト (Sv)	実効線量をからだの中で直接測定することはできないので、その代用として測定可能な量として示された尺度。放射線の場所に係る強さを測定する周辺線量当量と、個人の被曝モニタリングに使用する個人線量当量がある。1cm線量当量は国際放射線単位・測定委員会（ICRU）が定めた人体と同じ元素組成および同じ密度をもつ人体模型の、深さ1cmの箇所での吸収線量に、放射線荷重係数をかけ算した値

出典：野口邦和「放射能のはなし」新日本出版社（2011年）から作成

類やエネルギーの大きさの違いによって、人体に与える影響の程度が違うことにも対応できるようになりました。ところが、全身被曝なのか局所被曝なのか、あるいはどの臓器や組織が被曝したのかによっても、被曝の影響の程度は異なります。このことに対応するために考案されたのが「実効線量」（単位はSv）で、被曝が原因で生ずる発がんの影響を一律に評価することができます。

　これで一件落着かというとそうではなく、人のからだの中で実際に実効線量を測定することはできないので、実用的ではありません。そのため、実効線量の代用として使われているのが「線量当量」（単位はSv）で、サーベイメータは1cm線量当量を表示するように設計されています。人体の臓器・組織（皮膚、眼の水晶体は除く）は1cmより深いところに存在しているので、表面から1cmの深さの線量当量のほうが、実効線量や各臓器・組織の等価線量よりも大きな値になります。つまり線量当量は安全側に、被曝線量を大きく表示するように計算されているわけです。なお線量当量には、放射線の場所に係る強さを測定する周辺線量当量と、個人の被曝モニタリングに使用する個人線量当量があります。

　それでは、さきほどの3つが何を測っているのかというと、「リアルタイム線量測定システム」は周辺線量当量率で単位はμSv/時、「可搬型モニタリングポスト」と「固定型モニタリングポスト」は吸収線量率を測っていて単位はμGy/時です（「率」は時間当たりの量を示しています）。モニタリングポストの測定値も1Gy＝1Svと換算されて、μSv/時で表示されています。

　このように空間線量率の測定値として発表されているものでも、意味がまったく異なっているものが混在しています。そして、ここが肝腎なところなのですが、空間線量＝実効線量ではないのです。

　先ほど、被曝線量といってもいろいろなものがあり、それぞれで意味が異なっていることをお話ししましたが、測定されて表示される値も異なっているのです。表3.7をご覧ください。

　セシウム137のガンマ線が1ミリレントゲン毎時（1mR/時）のエネルギーで照射された場合、吸収線量率は8.76μGy/時になります。モニタリングポストが測定しているのは、先ほどお話ししたようにこの8.76μGy/時とい

う吸収線量率です。ところがモニタリングポストの測定値は、8.76 μ Sv/ 時と異なった単位で表示されているところもあります。なぜでしょう。

その理由が原子力規制委員会のホームページに書かれていて、「モニタリングポストは μ Gy/ 時で測定されていますが、本ウェブサイト上では、1 μ Gy/ 時＝ 1 μ Sv/ 時と換算して表示しています」となっています。この換算式を用いて、8.76 μ Gy/ 時は 8.76 μ Sv/ 時と表示されているのですね。これは、2008 年3 月に原子力委員会が発行した『環境放射線モニタリング指針』に Gy と Sv の関係について述べた部分があって、「1, 緊急時における第1段階のモニタリング段階では 1Sv ＝ 1Gy とする」と書かれていることに基づきます。ちなみにその次には「2, 実効線量（単位 mSv）の推定値を求める場合には、空気カーマ（mGy）に 0.8 を乗ずる」と書かれていて、「一般環境で問題となるようなガンマ線のエネルギー範囲では、空気吸収線量は空気カーマとほぼ等しい」と注釈がつけ加

表3.7　放射線測定器は何を測っているのか

測定器	測定する線量	指示値（1mR/ 時）	指示値からの実効線量の推定		実効線量の推定値
モニタリングポスト	空気吸収線量(Gy/時)＊	8.76 μ Gy/ 時＊	①＊＊	緊急時モニタリングでは 1Gy ＝ 1Sv とする	8.76 μ Sv/ 時
				実効線量の推定値を求める場合0.8を乗ずる	7.01 μ Sv/ 時
			②＊＊	実効線量の推定値を求める場合0.7を乗ずる	6.13 μ Sv/ 時
サーベイメータ	周辺線量当量(Sv/ 時)＊	10.5 μ Sv/ 時＊（セシウム137の場合）	実効線量の推定値を求める場合0.6を乗ずる＊＊＊		6.30 μ Sv/ 時

＊：Gyはグレイ、Svはシーベルト。μ は10万分の1を表す
＊＊：①は日本の原子力委員会、②はICRPおよびUNSCEAR
＊＊＊：ICRP報告でセシウム137の γ 線照射が四方と上方からある場合（ISO照射）、実効線量は周辺線量当量の0.57 ～ 0.58倍としていることによる
出典：松原昌平ら「わかりやすい放射線測定」日本規格協会（2013年）、
　　　中西準子「原発事故と放射線のリスク学」日本評論社（2014年）から作成

えられています（空気カーマの説明は、煩雑になるし特に必要がないので省略します）。

　福島第一原発事故から7年近くが経過した現在は、もはや「緊急時」ではありませんから、換算係数は「0.8」を用いるべきでしょう。0.8 を用いると、8.76 μGy/時は7.01 μSv/時になります。なお、ICRP と国連科学委員会(UNSCEAR) は換算係数を 0.7 としており、これを用いると 8.76 μGy/時は 6.13 μSv/時になります。福島第一原発事故から7年近くがたった現在でも換算係数1が用いられているため、外部被曝線量が過大評価になっています。

　セシウム137 のガンマ線が1 mR/時で照射された場合、サーベイメータは10.5 μSv/時を表示します。先ほど線量当量は安全側に、被曝線量を大きく表示するように計算されているとお話ししましたが、モニタリングポストの換算値7.01 μSv/時（換算係数0.8の場合）に比べて、サーベイメータの指示値が5割程度高く表示されることがおわかりになると思います。

　なお ICRP 報告には、セシウム137 のガンマ線照射が四方と上方からある場合(ISO 照射)、実効線量は周辺線量当量の 0.57 〜 0.58 倍と書かれています。これをふまえてサーベイメータの指示値10.5 μSv/時から換算係数 0.6（0.57 〜 0.58 を丸めた）を用いて実効線量を計算すると、6.30 μSv/時となります。この実効線量の値と比較すると、吸収線量率の8.76 μSv/時は1.4 倍、周辺線量当量率の10.5 μSv/時は 1.7 倍になります。「放射線モニタリング情報」で公表されている吸収線量率（可搬型モニタリングポスト、固定型モニタリングポスト）と周辺線量当量率（リアルタイム線量測定システム）は、実効線量に比べてこのくらい高く表示されていることを覚えておいていただければと思います（中西準子「原発事故と放射線のリスク学」日本評論社、2014 年；松原昌平ら「わかりやすい放射線測定」日本規格協会、2013 年）。

0.23 μSv/時は年間1 mSv にならない

　年間1 mSv に相当する周辺線量当量率は、NaI(Tl) シンチレーションサーベイメータによる測定で 0.23 μSv/時とされています。この値は、自然放射線の日本国内の平均値 0.04 μSv/時に、福島第一原発事故で追加された被曝線量

として年間1mSvに相当する0.19μSv/時を加えたものとされています。

自然放射線量の0.04μSv/時は、生活環境の自然放射線の全国平均値として得られていた5.8μR/時を、1R＝8.76mGyで換算して0.05μGy/時を得た後、自然放射線の等方照射における換算係数0.748を用いて実効線量0.038μSv/時で表し、この値を丸めて0.04μSv/時としたものです。この説明でおわかりのように、0.04μSv/時はサーベイメータで直接測った値ではありません。

次に事故による追加線量0.19μSv/時は、1日の屋外での滞在時間を8時間、屋内での滞在時間を16時間と仮定し、屋内での放射線の低減効果を0.4として、以下のように計算したものです。

1000μSv/年÷365（日/年）÷（8（時/日）＋16（時/日）×0.4）＝0.19μSv/時

国が示したこの値には、さまざまな問題があることが指摘されています。古田定昭（日本原子力研究開発機構）は、①周辺線量当量の年間1mSvを実効線量に換算すると0.58mSvになり、同じSvの表記でも1.7倍の差がある、②このことから、年間1mSvを実効線量とすれば、サーベイメータで管理すべき追加線量は、0.19μSv/時の1.7倍の0.32μSv/時となる、③自然放射線量0.04μSv/時は実効線量であり、追加線量をサーベイメータで管理する際の周辺線量当量とは異なる値を加算しており、科学的に正確でない。周辺線量当量の0.06μSv/時を用いるべきであり、これを含めるとサーベイメータで管理すべき値は0.38μSv/時（＝0.32＋0.06）になる、と指摘しています（古田定昭, Isotope News, No.718, pp.46-49（2014））。

個人線量の測定が行われるようになると、空間線量率の測定値と対応させたデータが得られるようになっていきました。

福島県のテレビユー福島の社員34人は、2011年5月から1年間、積算線量計を携行して個人積算線量を記録し、バックグラウンドを含めて平均で1.3mSv/年という結果を得ました。この間の福島市のモニタリングポストの積分値は、約9mSvに達していました（http://twitpic.com/c5r1yk）。

福島県立医科大学の石川徹夫と宮崎真は、福島県伊達市で2013年7月〜2014年6月に空間線量率（周辺線量当量率）と個人線量を測定した結果から、①空間線量

率の地区平均が約 0.23 μSv/時の住民において、個人線量率計の測定に基づく年間追加線量は約 0.61 および 0.66mSv であった、②個人線量計による測定で年間追加線量が約 1mSv であった地区の平均空間線量率は 0.39 および 0.54 μSv/時であった、と報告しています（石川徹夫・宮崎真, Isotope News, No.741, pp.54-58（2016））。

　内藤航ら産業技術総合研究所と気象研究所のグループは福島県の南相馬市、福島市、伊達市、二本松市、郡山市などにおいて、「D-シャトル」（1時間ごとの線量当量率を日時とともに記録できる個人積算線量計）で測定した個人線量と航空機モニタリングによる空間線量率（周辺線量当量率）の測定値を対応させることによって、①個人の外部追加線量は周辺線量当量の約5分の1であった、②周辺線量当量から外部追加線量を推計するさいの換算係数は、屋内が 0.14、屋外が 0.32 であった、と報告しています（Naito. W., *et al.*, PLOS ONE, DOI: 10.1371, August 5 (2016)）。

　宮崎真（福島県立医科大学）と早野龍五（東京大学）は、福島県伊達市で 2011 年8月から市民を対象にして行われているガラスバッジによる個人被曝線量の測定結果と、航空機モニタリングで測定されたその人の居住場所の空間線量率（周辺線量当量率）を比較して、①実測された個人の外部被曝線量は、航空機モニタリング調査における居住する場所の空間線量率によく比例しており、その比例係数はおよそ 0.15 だった、②得られた比例係数 0.15 は、航空機モニタリングの実施時期が違ってもほとんど変化せず、時間経過に伴う線量の減衰は、個人線量と空間線量率の両者ともにほぼ同じだった、③得られた比例係数 0.15 に対して、空間線量率から年間実効線量を推測する際に用いられている換算係数 0.6 は、4倍程度過大であった、と報告しています（Miyazaki, M. and Hayano, R., J. Radiol. Prot., No.32, pp.1-12 (2017)）。

　内藤航らは飯舘村の住民 38 人に D-シャトルを装着してもらって個人線量を測定し、航空機モニタリングで得られた空間線量率（周辺線量当量率）の測定値との比を求めました。その結果（個人線量／空間線量）は屋内で中央値 0.13（最小値 0.06 〜最高値 0.27）、屋外で 0.18（0.08 〜 0.36）であり、宮崎・早野が求めた 0.15 と整合していました（Naito. W., *et al.*, J. Radiol. Prot., No.37, pp.606–622 (2017)）。

　このように、除染の長期目標である年間 1 mSv の追加線量を空間線量率

0.23μSv/時に対応させるのは明らかに過大評価であり、個人線量の測定で得られた実証データに基づいて評価する必要があります。伊達市の市民1人ひとりがガラスバッジを装着して得られた、膨大なデータから得られた換算係数0.15であらためて計算すると、約0.8μSv/時が年間1mSvに相当します。

除染により外部被曝線量は明らかに低下している

　福島第一原発事故で環境に放出された放射線物質によって高くなっていた空間線量率は、放射性元素そのものの崩壊、ウェザリング（風雨などにさらされることによる風化）に加え、除染が行われることで低下していきます。これまでに行われた学校の校庭や保育園・幼稚園の園庭、公園や公共建物、宅地などの除染によって、空間線量率がもとの3分の1〜5分の1に低減するなどの効果が出ています。

　図3.9は共著者の野口さんが放射線健康リスク管理アドバイザーを務める福島県本宮市において、ある兄妹がガラスバッジをつけて追加外部被曝線量（個人線量当量）を測定した結果です。本宮市では2011年9月から、15歳以下

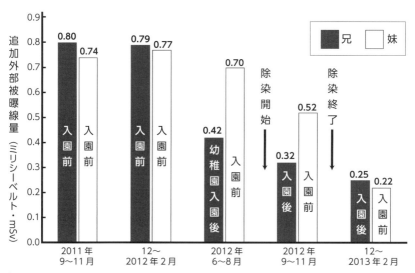

図3.9　本宮市のある兄妹の追加外部被曝線量に見る除染の有効性　　出典：野口邦和氏作成

の乳幼児・児童の追加外部被曝線量の測定が行われています。ガラスバッジを同一年度内の6〜8月、9〜11月、12月〜翌年2月にそれぞれ装着して、各3ヶ月間の積算線量を測定しています。3〜5月は卒業・入学の時期と重なるため、同じ児童・生徒で3ヶ月間継続的に測定することは難しいということで、この期間だけは測定されていません。

図3.9に示した兄妹は、2011年9〜11月の測定結果から積算線量が相対的に高い児童として抽出された、20人ほどの子どもたちの中の2人です。2011年12月〜2012年2月の測定結果でも、この兄妹の積算線量はともに相対的に高い値を示しました。その理由は、兄妹の居住する家周りが相対的に強く汚染されているからだと推察されました。実際にこの兄弟の居住する地区は、市内で最も空間線量率の高い地域として知られていました。

2012年6〜8月の測定結果では、妹は相変わらず積算線量が高かったものの、兄の積算線量はほぼ半減しました。兄で大幅に下がった理由は、この子が4月から幼稚園に入園していたことです。園庭の除染はすでに2011年5〜6月に完了していたこと、加えて幼稚園の建物が鉄筋コンクリート造りで、兄妹が住んでいる木造家屋より放射線の遮蔽効果が高いことが理由として考えられます。

この兄妹の居住する地区は、本宮市の中で最も空間線量率が高い地域だったので、この地区の住宅除染が優先して行われました。住宅除染が終わった後は、妹はまだ幼稚園入園前であるにもかかわらず、兄とほぼ同じレベルの積算線量に下がりました。最新の2016年9〜11月の測定結果によれば、兄妹ともに0.1mSvを優に下回っていて、一度下がった積算線量がまた元に戻るということは見られていません。

本宮市の兄妹のこのデータは、除染がきちんと行われれば追加外部被曝線量が目に見えて下がっていき、後戻りすることはないことを示しています。国は「帰還後に個人が受ける追加被ばく線量が年間1ミリシーベルト（1mSv/年）以下になるよう目指す」という長期目標の達成に責任を持ち、住民の被曝線量を低減することに力を尽くすことが重要だと考えます。　　　　　（児玉一八）

⑸
食品の安全は
どこまで確保されたのか

内部被曝は非常に低く抑えられている

「今私たちがやることは何かといえば、被曝線量を下げることです。被曝線量を内部被曝線量と外部被曝線量の合計だと考えると、どちらの線量も下げなければならない。しかし、県北、県中、県南などの福島県中通りでいえば、内部被曝線量より外部被曝線量の方が数十〜百倍も高い。従って、どちらの線量も下げる努力をすることが必要ですが、外部被曝線量を下げることに力を注ぐことが何よりも重要です。そのためには除染（放射能汚染除去）をしっかりやる必要があります。『子どもを守るために』といって内部被曝線量を下げることが注目されていますが、実はそうではなく外部被曝線量を下げることが大変重要です」

これは、2012年11月に、福島自治体問題研究所など3団体が郡山市で開催した私（野口）の講演録からの引用[1]です。当時、多くの国民は内部被曝を心配していましたが、私を含め多くの専門家は外部被曝の方が内部被曝より数十〜百倍高いと考えていました。内部被曝と外部被曝のデータが十分に入手できるようになった今日においては、福島第一原発事故由来の外部被曝は内部被曝より百〜千倍高いといってよいと思います。しかも中通りで最も空間線量率が高い県北でさえ、事故に由来する住民の外部被曝は、平常時における一般人の国際勧告値である年1ミリシーベルト（mSv）よりはるかに低いレベルにあります。

たとえば県北にある本宮市の0〜15歳までの子どもと妊婦をガラスバッジを用いて測定した、事故に由来する外部被曝の平均値は、2016年12月〜17年2月までの3ヶ月で0.054mSv、年換算で0.22mSvに過ぎません。また、最大値は3ヶ月で0.41mSv、年換算で1.6 mSvほどです。ごく限られた一部の人を除けば、現

在の福島県内に居住しているからといって他の都道府県に比べて特段に高い外部
被曝になる状況にありません。内部被曝についてはなおさらそうであるといえます。

食品の基準値の変遷

　厚生労働省は事故後の2011年3月17日、『原子力施設等の防災対策について』
の中の緊急時における「飲食物摂取制限に関する指標」[2]を暫定規制値として採用
し、食品の放射能の監視を行うよう関係諸機関に通知しました。暫定規制値は、甲
状腺等価線量（甲状腺線量）が年50mSv、実効線量（全身換算線量）が年5mSvを
超えることのないように設定されています。暫定規制値の設定は測定の容易な放射
性セシウム濃度に基づいていますが、ストロンチウム90／セシウム137放射能比
は0.1を仮定しています。実際の同比は福島第一原発周辺の土壌でも0.001以下
であり、ストロンチウム90をかなり過大評価しています。ストロンチウム90が評
価されていないという批判が一部にありますが、それは的外れなものです。

　暫定規制値に代わる現行基準値は2012年4月から導入され、現在に至ってい
ます。暫定規制値から現行基準値に代えた理由について厚生労働省は、「暫定規制
値に適合している食品は、健康への影響はないと一般的に評価され、安全は確保さ
れています。…しかし、暫定規制値は、事故後の緊急的な対応として定められたも
のであったことから、より一層、食品の安全と安心を確保する観点から、長期的な状
況に対応する新たな放射性セシウムの基準値を定めることとした[3]」と述べています。

　相対的に半減期の短い放射性ヨウ素は既に消滅していたため、現行基準値は、
相対的に半減期の長い放射性セシウム（セシウム137とセシウム134）、ストロンチウ
ム90、プルトニウム、ルテニウム106の5種類の放射性物質を考慮し、合計し
て年1mSvを超えないように、測定の容易な放射性セシウム濃度で設定されてい
ます。その際、一般食品のうち輸入品と国産品の割合は各50%、国産品はすべて
汚染されていると仮定しています。また、飲料水、牛乳、乳幼児用食品は100%
汚染されていると仮定しています。実際にはあり得ないような過大な仮定をした
上で設定されているため、現行基準値は、国民から見れば非常に安心できるもの

です。さらに、現行基準値は、国際的な食品基準を定めている国際食品規格委員会（コーデックス委員会）の基準値、EUの基準値、米国の基準値より低く設定されています。しかもセシウム134（半減期2.065年）とルテニウム106（同373.6日）の放射能は、それぞれ事故直後の11％と1.2％ほどにまで減衰しています（2017年9月現在）。そうはいっても事故に由来する被曝は、その大小に拘わらずご免被りたいと誰もが思うでしょうから、理不尽さは残ります。しかし、人への放射線影響を考える際の唯一の尺度が被曝線量であることは、疑いえない事実です。

食品の検査体制と検査結果

　大量に放射性物質が大気放出された事故直後の3〜4週間ほどは吸入摂取による内部被曝も無視できなかったのですが、この時期を過ぎてから以降は、内部被曝のほとんどは食品に含まれる放射性物質の経口摂取に由来するものです。冒頭で触れたように内部被曝が非常に低く抑えられている理由は、食品の検査体制が事故後短期間に整備され、食品の放射能を監視する仕組みが迅速に構築されたからです。

　実際の検査例を紹介しましょう。

①米

　福島県産の玄米は2012年産以降、30kg単位で詰めた米袋の全量を検査しています。全量全袋検査と呼ばれています。検査は170箇所に配置した200台を超えるベルトコンベア式放射性セシウム検査器を用いて、先ずスクリーニング検査を行います。これには県内各JA（農業協同組合）や集荷業者などの協力を受け、1,700人の検査員と2,000人の作業員が参加しています。米は日本人の主食だけあって年間1,000万件を超える検査となり、測定体制も半端ではありません。全量全袋検査の話を最初に耳にした時、迂闊にも私は「それは無理だろう」と思いました。ベルトコンベアも放射線検出器も既に完成した段階にあったとはいえ、信頼回復をめざす県の本気度とメーカーの意欲に脱帽しました。

　ベルトコンベア式放射性セシウム検査器は事故後にメーカー5社がそれぞれ

独自に開発したもので、放射線検出器にはヨウ化ナトリウム（NaI（Tl））、ヨウ化セシウム（CsI（Tl））、BGO、プラスチックの各シンチレータが使われています。「あんな短時間の測定で放射能濃度が求められるはずはない」という批判が一部にあるそうですが、それはスクリーニング検査を正しく理解していないことから来る誤解です。「スクリーニング」は「ふるい分け・選別」を意味し、集団の中から基準値を確実に下回るものとそうでないものを選別することです。放射能濃度

表3.8　福島県産玄米のスクリーニング検査結果

年度		25 Bq/kg 未満（検出限界以下を含む）	25～50 Bq/kg	51～75 Bq/kg	76～100 Bq/kg	計
2012	検査点数	10,323,530	20,317	1,383	72	10,345,302
	割合	99.78 %	0.2 %	0.01 %	0.0007 %	99.99 %
2013	検査点数	10,999,155	6,478	224	1	11,005,858
	割合	99.93 %	0.06 %	0.002 %	0.00001 %	99.99 %
2014	検査点数	11,013,018	1,910	11	1	11,014,940
	割合	99.98 %	0.02 %	0.0001 %	0.00001 %	100 %
2015	検査点数	10,497,915	645	13	1	10,498,574
	割合	99.99 %	0.01 %	0.0001 %	0.00001 %	100 %
2016	検査点数	10,259,852	418	5	0	10,260,275
	割合	100 %	0.0041 %	0.0001 %	0 %	100 %

表3.9　福島県産玄米の詳細検査結果

年度		25Bq/kg 未満	25～50 Bq/kg	51～75 Bq/kg	76～100 Bq/kg	100 Bq/kg超	計
2012	検査点数	144	40	295	317	71	867
	割合	0.0014 %	0.0004 %	0.0029 %	0.0031 %	0.0007 %	0.0084 %
2013	検査点数	68	6	269	322	28	693
	割合	0.0006 %	0.0001 %	0.0024 %	0.0029 %	0.0003 %	0.0063 %
2014	検査点数	27	0	1	1	2	31
	割合	0.0003 %	0	0.00001 %	0.00001 %	0.00002 %	0.0003 %
2015	検査点数	135	2	4	0	0	141
	割合	0.0013 %	0.00002 %	0.00004 %	0 %	0 %	0.0013 %
2016	検査点数	51	0	0	0	0	51
	割合	0.0005 %	0 %	0 %	0 %	0 %	0.0005 %

（注）出荷先よりさらに詳細な検査結果を求められたなどの理由により、スクリーニング検査を合格した（＝基準値を超える可能性はないとされた）米であっても、JA等が分析機関にGe検出器による検査を依頼する場合がある。JA等からの希望があった場合、これらも詳細検査として取扱っている。

を正確に求めることが目的なら当然測定時間はもっと長くなりますが、スクリーニング検査の目的は基準値を確実に下回るか否かを判定することです。基準値を確実に下回るといえないものについては、福島県環境保全農業課（県農業総合センターが中心）にある11台のゲルマニウム（Ge）検出器を用いた核種分析装置による詳細検査を行って放射能濃度を求め、基準値を超えるか否かを判定しています。

県産玄米のスクリーニング検査結果を表3.8、詳細検査結果を表3.9に示しました[4]。表3.8から、各年度1,030 ～ 1,100万件の全量全袋検査が行われており、1 kg当たり25ベクレル（Bq）未満または測定下限値未満の割合が事故後の経過年に伴って着実に増え続けていることが分かります。また、表3.9から、詳細検査に回される件数、基準値超過件数ともに着実に減り続け、2015年度以降、基準値超過件数はゼロであることが分かります。放射性セシウム濃度の分布も経過年とともに低濃度側に移動し、2016年度にはすべて1 kg当たり25Bq未満であったことも分かります。なお、基準値を超過した農産物は玄米を含め出荷されず、すべて市場に流通しないようになっています。

事故後の調査の中で、土壌中のカリウム濃度の低い水田で玄米中の放射性セシウム濃度が高い傾向にあることが分かりました。また、カリウムはセシウムと同じ周期表1族元素で化学的性質がよく似ており、かつ稲などの農作物が根から放射性セシウムを吸収することを抑える働きをすることも分かりました。そのため県は各市町村と協力してカリウム肥料を施肥し、稲が放射性セシウムを経根吸収するのを抑制する対策を地道に続けてきました。玄米の検査結果は、県の行ってきた対策の成果が着実に現れていることを示しています。

②野菜・果実類

玄米以外の県産農産物についても、少し紹介しましょう。測定はすべて前述した県環境保全農業課がGe検出器を用いた核種分析装置により行っています。野菜・果実類[5]は2013年度以降、基準値超過はありませんでした（表3.10、次ページ）。これは玄米のところでも述べたカリウム肥料を施肥し、野菜・果実類が放射性セシウムを経根吸収することを抑制する対策を続けてきた成果です。また、地表

面に降下・沈着した放射性セシウムを取り除くため、農地では表土の削り取りや表層土壌と下層土壌の反転耕(天地返し)を行った成果でもあります。果樹については、葉や木の表面に付着した放射性セシウムを取り除くため、樹体表面の粗皮削りや高圧水による樹体洗浄を行った成果です。

③海産物など

福島県産水産物の検査結果を見てみましょう。表3.11は、『食品と放射能Q&A』(消費者庁) 作成の表[6]に、水産庁HPにある「水産物の放射性物質調査結果 (一覧表)」から2015年度分と2016年度分の福島県のデータを加えて私が取りまとめたものです[7]。測定は2011年6月中旬頃までは主に日本分析センター、同年6月下旬以降は県環境保全農業課が行っています。基準値超過件数と超過割合は、表3.10が2011年度は暫定規制値(500 Bq/kg)、2012年度以降は現行基準値を用いて処理しているのに対し、表3.11では2011年度分を含め現行基準値を用いて処理している点に注意してください。表3.11から、①海水魚及び淡水魚ともに事故後の時間経過に伴っ

表3.10 福島県産野菜・果実類の検査結果

検査年度	検査件数	基準値超過件数	超過割合※
2011	6,121	145	2.4 %
2012	7,271	7	0.1 %
2013	5,806	0	0 %
2014	5,850	0	0 %
2015	4,585	0	0 %
2016	3,793	0	0 %

※2011年度は暫定規制値(野菜・果実類は500Bq/kg)、2012年度以降は現行基準値(野菜・果実を含む一般食品は100Bq/kg)。

表3.11 福島県産水産物の検査結果

	検査年度	検査件数	基準値超過件数	超過割合
福島県産海水魚	2011	3,061	1,077	35.2 %
	2012	6,263	791	12.6 %
	2013	7,838	181	2.3 %
	2014	8,750	48	0.5 %
	2015	8,591	0	0 %
	2016	8,766	0	0 %
福島県産淡水魚	2011	545	173	31.7 %
	2012	654	88	13.5 %
	2013	683	57	8.3 %
	2014	938	27	2.9 %
	2015	635	7	1.1 %
	2016	739	4	0.5 %

※基準値超過件数と超過割合は、2011年度分を含め、すべて現行基準値(一般食品は100Bq/kg)を用いて処理している。

て基準値超過割合は着実に減り続けている、②海水魚は 2015 年度以降ずっと基準値超過件数がゼロである、③淡水魚は海水魚より放射性セシウム濃度の減り方が遅い、ことが分かります。淡水魚の放射性セシウム濃度の減り方が遅い理由は、塩分濃度の高い海水に生息する海水魚では取り込んだ無機塩類を速やかに体外に排出する機能が働く一方、淡水に生息する淡水魚では取り込んだ無機塩類を体内に保持する機能が働くためと考えられています。代謝などにより体内量が半減する生物学的半減期でいえば、一般に淡水魚は相対的に長く、海水魚は相対的に短いといえます。

なお、モニタリング検査は、前年度に 1kg 当たり 50Bq を超えたことのある水産物及び福島県における主要水産物を中心に行っています。基準値に近い値が検出された場合は、その水産物の検査を重点的に行っています。その意味で表 3.11 中の基準値超過割合は、自然環境中の平均的な水産物より高いと考えてよいと思います。

福島県沖の海産物は、放射性セシウム濃度を検査するために採取されたものであり、試験操業・販売による海産物を除き[8]、出荷されることはありません。県産淡水魚については、基準値を超過した水産物が検出された河川・湖沼において出荷制限等が行われています。

2016 年度の福島県産農林水産物のモニタリング検査結果[9]を見ると、2 万 1,174 件中 6 件が基準値を超過しています。このうち 4 件は淡水魚 (表 3.11 参照)、2 件は山菜 (野生) でした。事故後の検査の中で分かったことは、例えば 2016 年度分についていえば、栽培飼育管理を行っている農林水産物で基準値を超過するものはなく、基準値を超過するものは栽培飼育管理を行っていない山菜 (野生) に限られていることです。

この他に放射性セシウム濃度の相対的に高いものを挙げると、きのこ (野生)、淡水魚、野生鳥獣類の肉で、やはり栽培飼育管理を行っていないものに限られます。それも事故後の経過時間に伴い、着実に放射性セシウム濃度は減り、基準値超過割合は減ってきています。そもそも山菜 (野生)、きのこ (野生)、淡水魚、野生鳥獣類の肉は県内全域で出荷制限されており、市販されている食品に関する限り、福島県産であろうとなかろうと、放射線セシウム濃度に違いはないと考えてよいと思います。

福島県民の内部被曝の現状

　最後に福島県民の内部被曝の現状を見ておきましょう。内部被曝の推定には陰膳法、マーケットバスケット（MB）法、ホールボディカウンタ（WBC）法などがあります。また、これらを実施している主体もいろいろ知られています。陰膳法による検査結果については私たちの著書『放射線被曝の理科・社会』[10]を参照していただくこととして、ここではMB法による検査結果を紹介しましょう。

　MB法は、流通食品を小売店等の街中で購入し、放射性セシウムの分析を行って食品中の放射能濃度を求め、日本人の各食品の平均的な消費量から食事を再構成して、1日に経口摂取する放射性セシウムの放射能量を求める方法です。放射能摂取に寄与する食品を特定できる点が、食事を丸ごと検査する陰膳法より優れています。しかし、14群に分類された食品を1群当たり最低でも10種類以上、全体として200種類ほどの食品を購入して放射性セシウムを分析しなければならないことが難点です。放射性セシウムの摂取量から内部被曝（預託実効線量）を算出する方法は陰膳法と同じで、毎日経口摂取する放射性セシウムの放射能量（Bq）を推定し、1年間摂取し続けることによる内部被曝を国際放射線防護委員会（ICRP）の勧告する実効線量係数を用いて求めます。国立保健医療科学院、国立医薬品食品衛生研究所、京都大学医学部の研究者グループなどがMB法による検査を行っていますが、ここでは厚生労働省の委託により国立医薬品食品衛生研究所が実施した検査結果を紹介します[11]。同研究所は、事故後9〜10月と2〜3月に各調査対象地域で市販されている食品を購入し、MB法による内部被曝の評価を行っています。

　表3.12は、煩雑になるのを避けるため、各年度の2〜3月調査分として発表されたものを筆者がまとめたものです。内部被曝の値は、地域別の平均線量に相当するものです。2012年度は、岩手県、栃木県、福島県などの東北・関東地方の都県の内部線量が西日本の府県より高い。しかし、最大値でも岩手県の年0.0094 mSvに過ぎず、年0.010mSvに満たないものです。事故による影響は2013年度にも少し残っていますが、それでも最大値は福島県（浜通り）の年0.0071 mSvに過ぎません。2014年度以降は最大でも年0.0020mSv（福島

表3.12　MB法による内部被曝の推定値※

地域	預託実効線量（mSv／年）				
	2016年度	2015年度	2014年度	2013年度	2012年度
福島県（浜通り）	0.0009	0.0016	0.0019	0.0071	0.0063
福島県（中通り）	0.0010	0.0020	0.0019	0.0054	0.0066
福島県（会津）	0.0010	0.0010	0.0017	0.0043	0.0039
北海道	0.0007	0.0007	0.0009	0.0010	0.0009
岩手県	0.0010	0.0010	0.0017	0.0026	0.0094
宮城県	0.0008	0.0010	0.0012	0.0019	−
茨城県	0.0008	0.0009	0.0012	0.0025	0.0044
栃木県	0.0011	0.0009	0.0013	0.0022	0.0090
埼玉県	0.0007	0.0009	0.0009	0.0013	0.0039
東京都	0.0008	0.0008	0.0010	0.0014	−
神奈川県	0.0008	0.0011	0.0011	0.0013	0.0033
新潟県	0.0007	0.0007	0.0008	0.0018	0.0023
大阪府	0.0007	0.0006	0.0008	0.0008	0.0016
高知県	0.0006	0.0006	0.0009	0.0009	0.0012
長崎県	0.0007	0.0006	0.0007	0.0010	−

※各年度の実施月はすべて2～3月。

県〈中通り〉）となり、多くの地域が年 0.0010mSv 前後の値でした。これらの結果は、陰膳法による内部被曝の推定値と矛盾はなく、よく一致しています。

　平常時における一般人の線量限度の国際勧告値が年 1 mSv であることを考えると、事故に由来する内部被曝が国際勧告値の 0.1 ～ 1%以下に抑えられていることは不幸中の幸いであるといってよいと思います。

　WBC 法は、ガンマ線の透過力が高いことを利用し、人体内に存在する放射性物質の放出するガンマ線を体外に配置した放射線検出器により測定して体内放射能量を求め、内部被曝を推定する方法です。福島県と一部の市町村がそれぞれ行っています。市販の WBC の価格は 1 台 4,500 万円ほどするため、すべての市町村が WBC を所有しているわけではありません。たとえば私がアドバイザーを務める本宮市では WBC を 2011 年 11 月に購入し、希望する市民に対して同年 12 月から内部被曝検査を行っていますが、隣の大玉村にはWBC がありません。そのため大玉村は、本宮市の WBC を利用して村民の内部被曝検査を行っています。二本松市、本宮市、大玉村は安達地方（旧安達

郡）を構成する自治体であり、震災前から安達地方広域行政組合を作って同地域の共通課題に取り組んできました。そうした実績の成せる業だろうと思います。ここでは 2011 年 6 月から WBC 法による内部被曝検査を行っている福島県の検査結果をはじめに紹介しましょう [12]。

　県は、WBC を用いて 2017 年 5 月までに延べ 32 万 2,292 人の内部被曝検査を行っています。実施主体は県、県の委託を受けた日本原子力研究開発機構（JAEA）と県立医科大学です。

　表 3.13 は、WBC 法による内部被曝検査の結果を示したものです。これまでに検査した者の 99.99％以上に相当する 32 万 2,266 人が 1 mSv 未満でした。1 ～ 2 mSv の者は 14 人で、2012 年 2 月までの検査で全員が見つかっています。2 ～ 3mSv の者は 10 人で、2011 年 12 月までの検査で全員が見つかっています。3 mSv 以上の者は 2 人で、2011 年 9 月までの検査で全員が見つかっています。総じて高い内部被曝をした者ほど早い時期に見つかっており、2012 年 3 月以降は全員が 1 mSv 未満です。県は 1mSv 未満の者のうち検出限界未満の者がどの程度いたかを公表していません。ただ、WBC 法による内部被曝検査の検出限界値は、県も市町村も 1 人当たり 300Bq で実施しています。

　事故 6 年半後（2017 年 9 月）時点における放射性セシウムの放射能の約 88％はセシウム 137（残りの約 12％はセシウム 134）です。そこで話を分かりやすくするため、大雑把であることを承知の上で放射性セシウムはすべてセシウム 137 であるものと仮定し、少し考察してみました。説明は省略しますが、（体内平衡放射能量）＝ 1.44×（1 日当たりの経口摂取量）×（実効半減期）の関係が成り立ちます。成人の実効半減期は約 70 日です。300Bq の検出限界値を超えるには、成人の場合、1 日当たり 3 ベクレルのセシウム 137 を経口摂取し続けなければなりません（300（Bq）÷1.44 ÷70（日）＝ 2.98 ≒ 3.0（Bq/日））。セシウム 137 を毎

表3.13　WBC法による福島県の内部被曝の検査結果 [12]

平成23年6月～平成29年5月　検査人数322,292人		
検査結果		預託実効線量
	1 mSv 未満	322,266人
	1 ～ 2 mSv	14人
	2 ～ 3 mSv	10人
	3 mSv 以上	2人

日3Bq ずつ1年間経口摂取し続けると、年 0.014 ミリシーベルトの内部被曝になります（3（Bq/ 日）×365（日）×0.000013（mSv/Bq）= 0.014（mSv））。実際には事故当初、セシウム 137 とセシウム 134 の放射能割合は 1：1 であったため、300Bq の検出限界値を超えると、およそ2割増の年 0.017 mSv の内部被曝に相当すると考えられます。WBC 法による内部被曝検査の検出限界値 300Bq とは、事故当初なら年 0.017 mSv、事故6年半後の時点なら 0.014 mSv の内部被曝に相当します。

　次に、WBC 法による本宮市の内部被曝検査結果を簡単に紹介します[13]。本宮市では 2011 年 12 月〜 2017 年 3 月までに延べ3万 3,710 人が WBC 法による検査を受けています。検査人数は県の 10 分の1ほどです。放射性セシウムの検出限界値を超える人数と割合は、2011 年度 82 人（受診者数の 2.6%）でしたが、2012 年度 15 人（同 0.14%）、2013 年度1人（0.02%）、2014 年度 11 人（同 0.14%）、2015 年度1人（0.02%）、2016 年度0人（0%）と推移しています。検出限界値を超えた人数が 2011 年度に特に多かったのは、実は検出限界値を 200 Bq と設定して検査したからです。検出限界値を低く設定すると検査時間が余分にかかるため、2012 年度以降は 300Bq の検出限界値で検査しています。2011 年度に検出限界値 200Bq を超えた 82 人のうち 54 人は 300Bq 未満でした。また、総じて検出限界値を超える者の多くは、60 〜 70 歳代以上の人びとでした。しばしば指摘されていることですが、高齢者は若年者と比べると山菜や野生きのこをあまり気にせず経口摂取する者の割合が相対的に多いことが原因と考えられます。検出限界値を超えた人びとも、多くは検出限界値の2〜3倍ほどの放射性セシウム量であり、これまでに 1,000Bq を超えた人は2人だけでした。

　本宮市で行われた WBC 法による内部被曝検査の中で、被曝線量の最大値は 0.3mSv でした。本宮市の検査例から推察すると、おそらく県の1 mSv 未満の者の圧倒的多数は、検出限界未満なのではないでしょうか。無用の憶測を生まないためにも、県は1 mSv 未満の内訳（検出限界未満者数と検出者数）を公表してはどうでしょうか。

　以上、MB 法及び WBC 法による内部被曝検査の結果を紹介してきましたが、県民のほとんどが最大でも年 0.01mSv 以下である点で相互に矛盾はないと思い

ます。本節の標題である「食品の安全はどこまで確保されたのか」に対する私の回答は、「福島県産の食品を摂取しても内部被曝は非常に低く抑えられており、他県産の食品を摂取する人びとと何ら変わるところはない、安全性は十分に担保されている」というものです。この結果を全県民にどのように周知していくか、あるいは国内外にどのように伝えていくかが、復興に向けた次のステップに進むことにつながると思います 14。 　　　　　　　　　　　　　　　（野口邦和）

参考文献

1　野口邦和：外部被曝と除染、原発問題連続学習会ブックレット No. 3、4 〜 20 ページ、福島自治体問題研究所・ふくしま復興共同センター・福島県革新懇 (2015)。

2　原子力安全委員会：原子力施設等の防災対策について、23 〜 24 ページ (2012)。

3　厚生労働省医薬食品局食品安全部基準審査課長、監視安全課長：食品中の放射性物質に係る基準値の設定に関する Q&A について (2012 年)。

4　ふくしまの恵み安全対策協議会 HP。https://fukumegu.org/ok/contents/

5　福島県 HP。http://www.pref.fukushima.lg.jp/sec/36021d/monthly-report.html

6　消費者庁：食品と放射能 Q&A、平成 28 年 3 月 15 日 (第 10 版)。

7　水産庁 HP：水産物の放射性物質調査結果 (一覧表)。

8　福島県沖海産物は、福島第一原発の半径 20km 圏内を除き、モニタリング検査結果を基に安定して基準値を下回っている海産物を対象に、平成 24 年 6 月以降、小規模な操業販売を行う試験操業・販売が行われている。試験操業では、基準値超過の海産物を出荷しないよう、自主基準を 50Bq/kg と定め、これを超過した場合は出荷を自粛している。試験操業対象魚種は平成 29 年 1 月現在、97 種にまで拡大している。

9　福島県：農林水産物の緊急時環境放射線モニタリング実施状況 (平成 28 年度)。
　　https://www.pref.fukushima.lg.jp/uploaded/attachment/216841.pdf

10　児玉一八、清水修二、野口邦和：放射線被曝の理科・社会、118-123 ページ (2014)

11　厚生労働省：食品からの放射性物質の摂取量調査結果。

12　福島県：ホールボディカウンターによる内部被ばく検査 検査結果について。

13　福島県本宮市保健福祉部：私信。

14　「東日本大震災復興応援」と銘打った 2016 年夏のギフトカタログで福島県を除外する形で「東北 5 県」と記載し、福島県の入っていない東北地方の地図を使用するなどして、福島第一原発事故の風評被害や被災地差別の助長につながるとの抗議を受け謝罪した経緯のあるグリーンコープ連合 (本部・福岡市) が 2017 年 9 月、再び被災 3 県のうち福島県の商品が掲載されていない「東日本大震災の復興応援」と銘打ったチラシを作成した。同連合の意図は不明だが、こうした事例から分かるように、現在市販されている福島県産の農産物や海産物などの食品の汚染の実態は、残念ながらまだまだ国民には知られていない。

第 4 章

被曝による健康被害は
あるのかないのか

清水修二／児玉一八

(1)
県民健康調査から
何が見えるか

調査を成功させるということ

　福島原発事故のあと、2011年5月から始まった福島県民健康調査がもう7年目に入っています。調査はぜひとも成功させなければなりませんが、そもそもこの調査を「成功させる」とはどういうことでしょうか。私（清水）は第1章で、県民の心の中に「何もなかったことにされるのは許せない」気持ちがあると書きました。しかし被曝の健康影響の件にかぎっては事情が異なります。調査した結果「放射線被曝による健康への影響はこれまでも、またこれからも考えられない」という結論の出るのが、県民にとって一番望ましいことなのです。この点はぜひすべての人に理解していただきたい。ただし、そういう結論の出ることが調査の「成功」であり、それと反対の結論の出ることが調査の「失敗」であると考えてしまうと、調査のあり方が歪められてしまう恐れがあります。

　調査の成否は「信頼できる結果が出せるかどうか」にかかっています。どんな結論が導き出されるにしても社会が納得できるものでなければなりません。裏返していえば、どれほど真面目に科学的な調査をして正しい結果を示しても、信用されなければ意味がないのです。調査が社会の信頼を獲得するために「何をなすべきか、そして何をしてはならないか」を考えながら進める必要があると思います。県民健康調査検討委員会のメンバーの1人として関わった経験から、考えたことを書いていきましょう。

　県民健康調査の目的は、検討委員会の設置要綱に次のように書かれています。「…事故による放射性物質の拡散や避難等を踏まえ、県民の被ばく線量の評価を行うとともに、県民の健康状態を把握し、疾病の予防、早期発見、早期治療につなげ、もっ

て、将来にわたる県民の健康の維持、増進を図る」と。ここで注意すべきは、「被ばく線量の評価を行う」とは言っているものの「被ばくと健康被害との関係を解明する」といった書き方にはなっていない点です。言外にその趣旨は含まれているとは言えますけれども、重点は「県民の健康を守ること」のほうに置かれています。

　しかしながら世間の最大の関心は、明らかに「被曝の影響の有無」に向けられています。それと「県民の健康を守ること」との間に何の矛盾もきたさないのであれば問題はありません。ところが厄介なことに、この2つの目的が衝突する場面があるのです。被曝の影響の解明を過度に追求することで人々の健康がかえって損なわれかねない可能性が出てくる。甲状腺の検査をめぐって議論になっているいわゆる過剰診断の問題がそのひとつです。また患者のプライバシー保護が課題になる局面もあります。第1章で私は県民の中にアンビバレントな（二律背反の）思いがあることを指摘しましたが、県民健康調査そのものがまた、アンビバレントな性格をはらんでいると私は感じています。

　この問題において、患者と向き合いながら医療の現場を担っている医師と、私をふくめた一般市民との間に微妙な意識の差があるように思われます。被曝の影響が目に見えて顕著であるならともかく、医師の立場からするとあくまで目の前の患者の利益が優先であって、事故の影響評価は二の次でしょう。後者を重視するあまり前者がないがしろにされるのであれば本末転倒です。他方で一般市民の目からみれば、そもそもこの調査は原発事故が起こらなければ必要なかったはずのものであり、「分からない」という不安な心理状態から県民を解放するためにも、影響評価を優先してもらわなければ困るということになると思います。

　福島で見つかっている小児甲状腺がんが原発事故によるものであるかどうか確証を得るために、もっと福島県外にまで調査範囲を広げて比較対照すべきだという主張があります。たしかに疫学調査の対象範囲を広げれば統計の精度が高まって科学的な結論に近づくことができるでしょう。しかしそれによってより多くの子どもたちがつらい検査（というより穿刺吸引は子どもにはいかにも「怖い」検査です）を受け、もしかしたら受けなくてもよかったかもしれない治療も受けることになるとしたら、それは「被害者」を大幅にふやすことにな

りかねません。しらみつぶしに患者を探し出して治療するのが適切な医療行為なのかどうか、少なくとも甲状腺がんに関しては大いに疑問があるからです。事故の影響評価を過度に追求することの弊害には留意しなければなりません。

　ところで県民健康調査では、原発事故から4ヶ月間の個人被曝線量を推定する「基本調査」が行われています。その結果をみると99.8パーセントの人が5mSv（ミリシーベルト）未満です。被害の大きかった相双地域で平均値が0.8mSv、最大値でも25mSvです。そこで、県立医科大学がまとめ検討委員会に提出される報告書においては「これまでの疫学調査により100mSv以下での明らかな健康への影響は確認されていないことから、4ヶ月間の外部被ばく線量推計値ではあるが、『放射線による健康影響があるとは考えにくい』と評価される」と記述されます。

　ここで「100mSv論」を持ち出すところに、専門家と素人との間のギャップを感じます。調査を担当しておられる専門家の方々は、100mSv云々が学界の定説であるとの認識で、間違ったことは言っていないとお考えでしょう。しかし実際の推計値が最大でも25mSv程度に低いと分かったわけですから、100mSv論を持ち出した途端にもう、全体の結論が出てしまいます。私が問題にしているのは事実として正しいかどうかではなく、報告書の記述として論理的に適切かどうかです。科学者が特定の仮説を念頭に置きながら調査に臨むのは決して不当ではありませんが、こういう不用意な記述をすることが「初めに（影響はないとの）結論ありき」だと批判される一因なのではないでしょうか。

　また、この調査事業による定期検査の枠外で見つかった子どもの甲状腺がん患者が県内にいて、現に県立医大病院で治療を受けていながら、それが公に報告されていないという事実が問題になりました。私たち検討委員会の委員はマスコミ報道でそのことを知ったわけですが、これはどう考えても県側のミスです。「見つかったのに報告されてない」事例が1件でもあると分かれば、「ほかにももっとあるのではないか」と疑念を持たれるのは当然の成り行きです。ミスは即座に認めて軌道修正してしかるべきだと私は思いましたが、県は検討委員会に扱いの協議を委ねるという迂遠な行動に出ました。批判に押されて渋々重い腰

を上げるといったような悪印象を、なぜ自ら作ってしまうのか不可解千万です。

　以上述べたのは一二の例です。県民の不安を取り除きたい、患者に寄り添いたい、プライバシー保護が大事だという医療現場の方々の素朴な気持ちは、私自身が県民であり家族と福島で暮らしていますからよく理解できますし有難くもありますが、調査の信頼性を損なうような言動は極力避けなければならないと思います。この県民健康調査を「成功させること」は国民的課題だといっても大袈裟ではないくらいです。「挙句の果てに真相は藪の中」で終わらないよう、社会的合意の形成を主眼に、根拠のある批判には耳を傾けながら調査が進むことを願っています。

被災者の健康状態

　この調査はなにも甲状腺ばかり検査しているわけではありません。先述した基本調査のほかに①健康診査、②こころの健康度・生活習慣に関する調査、および③妊産婦に関する調査が行われています。甲状腺検査については後回しにして、それ以外のこれらの調査結果を紹介しましょう。調査の対象はだいたい避難区域の方々です。突然の避難で生活が一変し、老いも若きも健康を脅かされる環境に置かれましたから、放射線被曝の影響の有無にかかわらず、健康状態をしっかり見守る必要があります。調査の結果をもとに、福島県立医科大学の研究者を中心にこれまでいくつもの研究論文（英文）が発表されていますので、その中からいくつか、日本語で書かれた要約・結論の部分だけですが紹介します。

　①『福島第一原子力発電所の避難は、低 HDL コレステロール血症の危険因子のひとつである』(Satoh Hiroaki et al., Internal Medicine No.55, 2016) HDL コレステロールとは血液中の余分なコレステロールを肝臓に運ぶ役割を果たす善玉コレステロールのことです。これが不足すると動脈硬化性疾患の危険が増すということです。震災前の 40 歳以上のデータを基準に事故後の調査結果を検証すると、低 HDL コレステロール血症の有病率は 6.0 パーセントから 7.2 パーセントに大幅に増加したとされています。心臓疾患の危険因子が増したわけです。

　②『東日本大震災後の避難者と非避難者での腎機能障害有病率の検討』

(Satoh Hiroaki et al., Internal Medicine No.55, 2016) 40 歳以上の人について避難者と非避難者の間で慢性腎臓病（CKD）の有病率が比較されましたが、両者でCKD重症度に有意な差は認められませんでした。ただし「CKDの重症度別の糖尿病、高血圧、脂質異常症は、高リスク群では低リスク群に比べ有意に高い有病率を示しました。さらに、糖尿病、脂質異常は、低リスク群でのみ避難者において非避難者よりも有意に高い有病率を示しました」とされています。重症の腎臓病患者で関連疾患が増悪し、軽症の患者でも避難にともなって同様の事態が心配されるということです。そして「避難がCKD有病率のリスクを上昇させるという確定的な結論には」達しなかったものの、将来的な生活習慣病の増加に注意が必要だとまとめています。

③『福島第一原発事故後の避難区域における住民の心理的苦痛、心的外傷後ストレス、問題飲酒に関する３年間トレンド解析』(Oe Misari et al., Psychiatry and Clinical Neurosciences No.70, 2016) 避難区域の成人を対象にした３回にわたる調査結果です。心の健康状態を診断するのにＫ６（ケイシックス）という指標が使われますが、これが13点以上になると深刻な問題の発生している恐れが高いとされます。「Ｋ６が13点以上の割合は、本邦での一般人口での割合（4.7%）に比して高く、３年後であっても男性で11.4%、女性で15.8%でした」と指摘されています。「うつ」の傾向が目立つということでしょう。ただし心的外傷後ストレスは年々減少し、問題飲酒も変化がなかったという結果です。

④『福島原子力発電所事故後における乳児の栄養方法』(Ishii Kayoko et al., Maternal and Child Health Journal No.20, 2016) 2011年度のデータを使った研究です。県内市町村から母子健康手帳を交付され、事故の前後に出産した母親について「放射能汚染に関する不安やそれ以外の理由から子どもに粉ミルクを与えたことに関する要因」が分析されています。母乳と粉ミルクの混合栄養や粉ミルクのみの割合は69.1パーセント、そのうちの20.3パーセントは母乳の放射能汚染への不安から粉ミルクを与えていたということです。居住地が避難区域にあった人ほどその傾向が強いことも明らかになりました。「震災後に避難せざるを得ず、妊婦健診を予定通り受診できなかった母親に対し、母乳栄養に

関する支援を行うことの重要性が示唆された」というのが結論です。

⑤『東日本大震災後の、妊婦健診施設の変更が妊娠期間に与えた影響の検討』(Suzuki Kohta et al., Journal of Obstetrics and Gynaecology Research, 2016) 震災や原発事故の影響で、通っている病院等を変更した女性の妊娠期間に変化があったかどうか、すなわち早産がふえたかどうかを調べたものです。「医学的理由で施設を変更した場合には、有意に妊娠期間が短縮し(約10.6日)さらに8.5倍早産しやすいことが示されました。しかしながら、妊婦自身による施設の変更については、妊娠期間や早産との有意な関連は示されませんでした」とされています。ここで「妊婦自身による施設の変更」が避難によるものと解釈されていますので、原発事故による「妊婦健診受診状況が妊娠期間 (早産) に与えた影響は有意ではありませんでした」という結論になっています。

⑥『福島第一原子力発電所の事故によって生じた避難区域における避難生活者の深刻な心理的苦痛』(Kunii Yasuto et al., PLOS ONE, July 8, 2016) 15歳以上の避難生活者を対象とした調査結果です。「災害関連リスク因子を含むほとんどすべての調査項目について、心理的苦痛の有病率に有意な差が見られました。そのほとんどが有病割合の増加を伴うものでした。さらに、各避難区域における心理的苦痛は、それぞれの環境での放射能レベルと有意に正の相関があることが判明しました」と総括されています。

⑦『震災後避難がメタボリックシンドロームに及ぼす影響について』(Hashimoto Shigeatsu et al., Journal of Atherosclerosis and Thrombosis, Sep. 13, 2016) 災害時にメタボ (METS) でなかった40〜74歳の避難者について調べたものです。「METS の発生率は、避難者では男性19.2%、女性6.6%、非避難者では男性11.0%、女性4.6%と、男女とも避難者では非避難者に比べて高い値でした。避難者は非避難者に比べ、震災後に肥満度指数、ウエスト周囲径、中性脂肪、および空腹時血糖値が高くなっていました」と指摘しています。

⑧『福島第一原発事故後の避難生活が肝機能に及ぼした影響』(Takahashi Atsushi et al., Journal of Epidemiology No.30, 2017) 避難住民26,000人について震災の前後で肝機能が悪化したかどうかを分析したものです。肝障害の割

合は震災前の 16.4 パーセントから震災後の 19.2 パーセントに有意に増加しています。また避難しなかった人との比較においても違いが見られ、非避難者に比べて避難者が肝障害に罹るリスクは非飲酒者で 1.38 倍、軽度飲酒者で 1.43 倍、中等度以上の飲酒者で 1.24 倍であったということです。飲酒量との関係は否定されています。

⑨『東日本大震災と福島第一原発事故後のこどものメンタルヘルス』(Mashiko Hirobumi et al., Asia Pacific Journal of Public Health 29-25, 2017) 避難区域の 4 〜 15 歳の子どもの SDQ（子どもの強さと困難さアンケートと呼ばれ、16 点以上になると医療的関与を要するとされます）を実施したところ、16 点以上の子どもが 4 〜 6 歳で 25.0 パーセント、7 〜 12 歳で 22.0 パーセント、13 〜 15 歳で 16.3 パーセントおり、被災していない地域の 9.5 パーセントに比べて高い数字になりました。

⑩『東日本大震災と福島原子力発電所事故前後での福島県内の妊婦における周産期予後の検討』(Hayashi Masako et al., Open Journal of Obstetrics and Gynecology No.6, 2016) 震災前 9 ヶ月と震災後 9 ヶ月の間に妊娠した 12,300 人を対象にした調査結果です。震災前に妊娠した女性と異なり、震災後 6 ヶ月間に妊娠した女性において妊娠合併症の頻度が高く、震災に関する不安などの感情的ストレスが寄与していた可能性があると指摘しています。

⑪『東日本大震災 4 年後も継続する避難住民における多血症の発症』(Sakai Akira et al., Preventive Medicine Reports No.5, 2017) 多血症とは赤血球の量がふえる病気で、その長期化は心臓血管系の疾患につながるとされます。避難住民は非避難住民と比べて多血症の発症が有意に高いことは 2011 〜 12 年についてすでに確認されていましたが、2013 〜 14 年においても、減少傾向にあるはいえ依然として震災前よりも高いことが明らかになったということです。

以上、これまでに公表された研究の一部を見てきました。大規模な県民健康調査で得られたデータはさまざまな角度から分析・検討され、県民の健康を守るために役立てられることと思います。概観して言えることは、（ここでは触れなかった甲状腺がんは別に論じるとして）放射線の影響が疑われるような身体面での際立った変化は観察されず、避難生活のストレスが主因となった疾患に注

意が必要だということです。むしろ心理的な影響のほうが深刻といえるかもしれず、妊婦や子どもにおいて特にそれが強く表れている印象があります。もちろん２千人を超える関連死が生じていること自体が身体的影響の深刻さを物語っているのは事実です。しかしそれは特定の病気が劇的に避難者を襲っているとか、チェルノブイリ原発事故に関連して言われているように飲酒量が急にふえて寿命を縮めているとかいった形で表れているわけではないと思われます。むしろ目立たない形で深く静かに進行する生活習慣病に警戒が必要だといえます。

将来への不安・次世代への懸念

　本書の別のところでも触れられていますが、放射線被曝が原因で自分の健康が将来損なわれる（端的にいえばがんになる）ことを心配する県民、さらには子どもや孫にまで被害が及ぶのではないかと懸念する県民の数が、徐々に減っているとはいえ依然として少なくないのが福島の現状です。とりわけ子どもたちの将来を考えるとき黙過できないのは遺伝的影響への懸念の大きさです。

　「妊産婦に関する調査」のなかで、「次回妊娠・出産をお考えですか」との問いに「いいえ」と回答した人に対してその理由を訊いた項目があります。当初（2012年）は「放射線の影響が心配なため」という理由にマルをつけた人が14.8パーセントにものぼり私は愕然としました。現実に、事故後しばらく福島県民の出産数は減りました。県民の数そのものが減りましたのでその減少数がすべて原発事故の影響だとは考えられませんが、影響が全くなかったとはいえないでしょう。「生まれるはずの子どもが生まれなかった」という形での人命の損失はあり得たと考えるのが常識的な見方だったと思います。もっとも今日では様子がかなり変わりました。2016年度の調査では上記の数字はわずか1.1パーセントにまで減っています。県民の出生率も回復し、妊娠や出産に対する実際的な影響はもはや杞憂といえるかと思います。

　それでもなお、避難者に遺伝的影響への不安を尋ねると、多かれ少なかれ「不安だ」と回答する人が最近でも37.6パーセントもいる事実は重大です。

不安かと訊かれてどう答えるかということと、実際に妊娠や出産をためらうか否かということとは別の話なのかもしれませんが、いずれにせよ福島県民に対する結婚差別と戦うためには、県民自身が学習して偏見を克服することが先決です。「理由はないがなんとなくイヤ」といった社会の空気は、きれいさっぱり吹き飛ばさなければなりません。

　低線量放射線被曝による遺伝的な影響の問題にどう立ち向かうかについて、あらためて私見を述べておきます。疫学調査の結果、「統計的に影響は確認されなかった」というのが広島・長崎の被爆者調査の結論になっています。食品の検査で検出限界値未満となった場合と似ていますが、「確認できない」は「存在しない」とはたしかに違います。しかし「これ以上もう確認のしようがない」となったケースを、社会的にどう扱うかを私たちは考えなければなりません。あくまでも「ゼロとはいえない」というところにこだわって問題にし続けるか、それとも「そこまで小さなリスクならゼロとみなしていい」と考えて無視するかです。具体的にはいろんなケースがありましょうが、これを判断する基準は「どちらが人々（とりわけ被害者）のしあわせにつながるか」ということであるべきだと私は思います。「ここまでは科学の問題、ここからは社会的合意の問題」という、一線が引かれなければならない局面があると思うわけです。

甲状腺検査の概要と論点

　甲状腺がんに関する医学的な考察は次節でお読みいただきますが、ここで子どもの甲状腺検査のあらましを紹介します。チェルノブイリ原発事故の経験を踏まえると、放射線被曝による健康被害がもし出るとすれば、最もその可能性が高いのは小児の甲状腺がんだと考えられます。裏返していえば、子どもの甲状腺がんの多発という事態が生じないことが確認できれば、白血病などその他の病気の心配もまず無用だと判断できるといえます。

　県民健康調査で甲状腺検査の対象になっているのは事故当時に福島県内にいた 18 歳以下の子ども、および事故のとき胎内にいた子どもたちを含む年齢層で、

全部で約38万人にも及びます。非常に大掛かりな検査で、まず超音波診断装置を使って一次検査をおこない、ある程度以上の大きさの「結節」と「のう胞」が見つかった子どもには二次検査をし、必要とされる場合は穿刺吸引（喉に針を刺して吸引する）という方法で細胞のサンプルを取り出して分析をします。その結果がんの疑いがあるとされた患者（の親）が希望すれば、手術をほどこすことになります。検査は最初の「先行検査」が完了、2年後に「本格検査」の第1回目が行われてほぼ終わり、現在その第2回目が実施されているところです。

　先行検査は、事故後短い時間しかたっていないので被曝の影響がまだ現れない段階であると想定され、したがってそこで確認された患者の数を「ベースライン」として、その後の本格検査の結果を照らし合わせるという方針が立てられました。本格検査の第1回目の結果もほぼ出ていますので、先行検査の結果とあわせ、見つかった患者の数と事故時の年齢構成をグラフでご覧いただきます（図4.1、4.2）。

　先行検査で見つかった患者の数は、率直にいって思いがけないほど多かっ

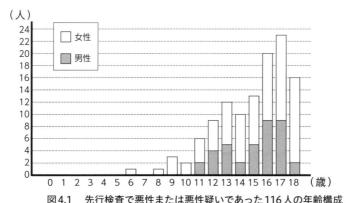

図4.1　先行検査で悪性または悪性疑いであった116人の年齢構成

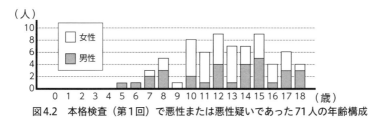

図4.2　本格検査（第1回）で悪性または悪性疑いであった71人の年齢構成

たといえます。調査のスタート時点で100人を超える患者の出現を予見した人はいなかったでしょう。子どもの甲状腺がんは100万人に1人とか2人とか大変少ないといわれていましたから、これは一大事だと世間が騒然としたのも無理からぬことです。しかし、何らかの症状があって患者とされた人（罹患者）の数と、何の症状もない人を相手に全数調査して見つけた患者（有病者）の数とでは、意味が異なることがすぐに指摘されました。いわゆるスクリーニング効果です。「調べればこんなにいるものなんだ」というわけです。

　ただし次の本格検査でもそれなりの数の患者が見つかっています。先行検査のグラフを見ると大体右肩上がりの年齢構成になっていますが、本格検査のグラフのほうでは（事故当時）16歳以上の患者が少ない。これは18歳になると高等学校を卒業してしまい、受診率が落ちてしまうことが大きな要因です（受診者数は先行検査が約30万人、本格検査は約27万人です）。したがって受診率が仮に落ちなかったとしたら、高年齢での患者の数はもっと多いはずだと推定するのは合理的です。いずれにせよ先行検査ではがんでなかったのに2年後にはがんと診断された子どもが結構いることが分かったといえます。甲状腺がんは進行が非常にゆっくりであるといわれながら意外に成長が速いではないか、やはり放射線被曝が影響しているのではないかとの疑念が生まれる根拠のひとつがこれです。

　さて甲状腺の調査では超音波を使って結節（しこり）やのう胞（水泡）の有無を確かめ、その大きさを測定します。何も見つからなかった場合はＡ１判定、5ミリ以下の結節あるいは20ミリ以下ののう胞が見つかった場合はＡ２判定、それ以上の大きさだったときはＢ判定になります。興味深いのは、先行検査でＡ１判定だった人が本格検査でいきなりＢ判定になったり、逆にＢ判定だった人が今度はＡ１判定になったりするケースが結構多いことです。実際の数字を示すと（Ａ１→Ｂ）が393人、（Ｂ→Ａ１）が108人です。前者はともかく後者は不思議な感じがします。理由のひとつは「結節」の定義です。たとえば25ミリの大きさののう胞の内部に3ミリの結節があった場合、「25ミリの結節」と記録されるのです。のう胞の大きさは時どきに変化しますので判定が大きく揺らぐ可能性があるわけです。なお、先行検査で判明したＡ２やＢ判定の割合が特異な数値である

かどうかを確認するため、環境省が長崎市と甲府市と弘前市で約4,500人の子どもの検査をした結果、福島とほぼ同じ割合の数字が出たと報告されています。

　もう一度先のグラフに戻りましょう。患者のこの出方をどう見るかです。これが、原発事故由来の放射線被曝の影響とみる以外に説明できない異常な数字なのか、それともほかの地域でも同じ調査をすれば同じ程度に出てくるであろうレベルの数字なのか、評価が分かれます。判断のモノサシはいくつかあります。第1は患者の推定被曝線量の大小、第2が患者の年齢構成、第3は患者の分布と放射能汚染の広がりとの地理的な関係、第4はがんと診断されるまでに病状が進行するのにかかる時間、いわゆる潜伏期間です。第5として患者の男女比を加える人もいます。

　先行検査が終わった段階のデータをもとに検討した結果が2016年3月に県民健康調査検討委員会の「中間とりまとめ」として公表されました。とりまとめの甲状腺がんに関連するくだりは以下の通りです。

　「先行検査（一巡目の検査）を終えて、わが国の地域がん登録で把握されている甲状腺がんの罹患統計などから推定される有病数に比べて数十倍のオーダーで多い甲状腺がんが発見されている。このことについては、将来的に臨床診断されたり、死に結びついたりすることがないがんを多数診断している可能性が指摘されている。これまでに発見された甲状腺がんについては、被ばく線量がチェルノブイリ事故と比べて総じて小さいこと、被ばくからがん発見までの期間が概ね1年から4年と短いこと、事故当時5歳以下からの発見はないこと、地域別の発見率に大きな差がないことから、総合的に判断して、放射線の影響とは考えにくいと評価する。但し、放射線の影響の可能性は小さいとはいえ現段階ではまだ完全には否定できず、影響評価のためには長期にわたる情報の集積が不可欠であるため、検査を受けることによる不利益についても丁寧に説明しながら、今後も甲状腺検査を継続していくべきである。」

　「数十倍のオーダーで多い」という文言だけを切り取って検討委員会ががんの「多発」を認めたと主張する人がいますが、曲解であることは続く部分を素直に読めば分かります。「事故当時5歳以下からの発見はない」という点についても、

本格検査で当時5歳の患者が1人見つかった（さらにその後4歳の子どもも1人いることが分かりました）ので根拠が崩れたと主張する人がいます。しかし高年齢ほど患者が多くなるのが自然だと考えれば、年次進行とともに幼い年齢層から患者が現れてくるのは理の当然で、そうならないほうがむしろおかしいのです。

　詳細については次節以下をお読みいただく必要がありますが、先行検査終了段階での検討委員会の上の評価は間違っていないと思います。いま本格検査1回目の確定値を待って専門家による検討がなされようとしています。評価の確定までにはなおしばらく時間がかかるでしょう。　　　　　　　（清水修二）

(2) 甲状腺がんについて知っておきたいこと

甲状腺がんをめぐる2つのトピックス

　最近、甲状腺がんの診断をめぐって、2つの注目すべき出来事がありました。いずれも、過剰診断と過剰診療を防ぐことが目的でした。

　1つめは、米国甲状腺学会の「甲状腺結節と甲状腺分化がん取り扱いガイドライン」が大きく変更されたことで、変更の1つが甲状腺微小乳頭がんの取り扱いです。今までは細胞診で乳頭がんと診断された場合、当然のように手術が行われていました。変更後は、1cm以下の微小乳頭がんでリンパ節転移や局所進展がないものは、たとえ画像上でがんを疑っても細胞診による診断をしないことを推奨し、また、たとえ甲状腺がんと診断されてもすぐに手術を行うのではなく、経過観察も選択肢になりました。この変更は、日本から論文

の形で発信された内容を米国甲状腺学会が受け入れたものです（伊藤康弘・宮内昭, 内分泌甲状腺外会誌, Vol.32, No.4, pp.259-263（2015））。

2016年4月には米国医学会雑誌の電子版（JAMA Oncology）に、今までがんだと思われていた甲状腺の悪性腫瘍が病理学的分類の改訂によって、がんではないという扱いになったという論文が掲載されました。甲状腺がんの約3割を占める「濾胞型乳頭がん」は、ここ数十年の研究により悪性度が非常に低いことが明らかになりました。中でもこの論文で詳しく述べられている「被包性の濾胞型乳頭がん（EFVPTC）」はさらに悪性度が低く、再発や転移をきたす症例がほとんどなく、甲状腺乳頭がんでよく見つかる遺伝子変異もありません。ところが、こうしたEFVPTCが見つかった患者でも、手術で甲状腺を摘出したり、手術で取りきれなかった甲状腺を放射性ヨウ素で焼き尽くすなど、リスクの高い治療が行われてきました。こうした問題を解決するため、2012年から世界中の甲状腺専門家が集まったプロジェクトが行われて、浸潤のないEFVPTCは、限りなく悪性度が低いということで認識が一致しました。この結果をふまえて米国がん学会と米国甲状腺学会は、EFVPTCを甲状腺がんから除外して「非がん」に分類を変えたのです。毎年世界で新たにEFVPTCと診断される患者は4万5,000人を超えるとされ、こうした患者は「非がん」と診断されて、手術や経過観察が不要になっていくと考えられます（Nikiforov, Y. E. *et al.*, JAMA Oncol. doi:10.1001/jamaoncol.2016.0386）。

もう1つは、米国予防医学専門委員会（USPSTF）の「症状がない人への甲状腺検診は有害性が有益性を上回るので、行うべきではない」という勧告が、2017年5月に米国医師会雑誌に掲載されたことです。同誌の同じ号には、この勧告の根拠となった論文（エビデンスレポート）も掲載され、関連する1万424編の論文から707編を選び、その中でも質の高い67の研究が勧告の根拠として採用されています。

米国での甲状腺がん罹患率は、1975年には10万人あたり4.9人だったのが、2014年には14.3人に増えています。ところが死亡率は、10万人あたり約0.5人で変わっていません。検査技術の向上で、予後のよい微小甲状腺がんが検出できるようになったからです。また、日本の病院で低リスクの微小が

んはすぐに手術をせずに経過観察も治療の選択肢となり、長期にわたる経過観察期間で1人の患者も甲状腺がんで亡くなりませんでした。一方、甲状腺検査でがんが見つかって手術などを行うと、①副甲状腺機能低下症、②声帯につながる反回神経の損傷、③唾液分泌障害などの合併症が発生してしまいます。勧告書によればその頻度は、100回の手術あたりで①が2〜6回、②は1〜2回です。ところが手術を行っても、甲状腺がんによる死亡は減りませんでした。

こうした知見をふまえて米国予防医学専門委員会は、症状がない人への甲状腺検診は、本来は放置しても問題のないものを掘り起こすだけで有害無益の可能性が高いため、「行うべきではない」と勧告したのです (US Preventive Services Task Force, JAMA, Vol.317, No.18, pp.1882-1887 (2017)；Lin, J. S. *et al.*, JAMA, Vol.317 No.18, pp.1888-1903 (2017))。

甲状腺とヨウ素

甲状腺は私たちの「のどぼとけ」(甲状腺軟骨) のあたりにある臓器で、重さは大人で20グラムほどです (図4.3)。Mサイズの鶏卵の重さが「58グラム以上〜64グラム未満」とされていますから、その3分の1ほどの大きさです。ちなみに甲状腺という名前は、その形が甲 (かぶと) に似ていることに由来するそうです。甲状腺の役割の1つは、分子中にヨウ素を含む甲状腺ホルモンを合成して分泌することです。甲状腺ホルモンには全身に分泌されて細胞でのエネルギー代謝をさかんにする働きがあり、このホルモンが欠乏すると基礎代謝が低下することが古くから知られています。

甲状腺ホルモンを合成するために甲状腺はヨウ素の含有量が高く、血液中からヨウ素をさかんに取り込んでいます。ヨウ素の所要

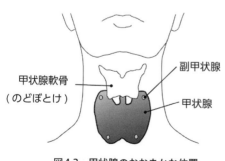

甲状腺軟骨
(のどぼとけ)

副甲状腺

甲状腺

図4.3　甲状腺のおおまかな位置

量は1日に150μg程度とされ、その大部分が甲状腺に取り込まれて甲状腺ホルモンの合成に使われます。

　私たちが食品から取り込んで甲状腺ホルモンの原料にしているヨウ素は、非放射性のヨウ素127です。いっぽう原子力発電所で事故が起こると、炉心にたまっている放射性ヨウ素（ヨウ素131など）が環境に放出されます。放射性ヨウ素も非放射性ヨウ素も化学的な性質に変わりはありませんから、私たちの体は区別することはできません。そのため、放射性ヨウ素も非放射性ヨウ素といっしょに甲状腺に取り込まれてしまい、放射性ヨウ素はそこで放射線を出して甲状腺細胞を内部被曝させることになってしまいます。

　原子炉を運転すると、炉心には大量の放射性ヨウ素がたまっていきます。電気出力100万kWの原発を半年間運転すると、約3エクサベクレル（エクサは10の18乗）のヨウ素131が蓄積します。ヨウ素131は半減期が8.021日と短いためこの量で飽和し、運転期間が長くなってもこれ以上は増えません。大きな事故が起こると炉心にたまっているヨウ素が、揮発性のためにすみやかに原子炉の外に漏れ出してしまいます（野口邦和『放射能のはなし』新日本出版社、2011年）。

　漏れ出した放射性ヨウ素は、細かいチリについて肺からからだに入ったり、あるいは草についた放射性ヨウ素を牛が食べてミルクにして、それを飲んでしまうことで口からからだに入ります。尿や便から排出されるものもありますが、日本人では吸収された放射性ヨウ素の10〜30%が甲状腺に取り込まれるとされています（Yoshizawa, Y. & Kusama, T. Jpn. J. Health Phys, Vol.11, pp.123-128 (1976)）。チェルノブイリ原発事故によって放出された放射性ヨウ素がミルクを介して体内に取り込まれたため、ベラルーシなどの子どもたちで甲状腺がんが増加したと報告されています（国連科学委員会「UNSCEAR 2008 Report Vol. II」）。

　体内に取り込まれた放射性ヨウ素が甲状腺にどのくらい取り込まれるかは、その人が日頃、どのくらいのヨウ素を摂取しているかによって大きく変わります。ヨウ素が欠乏している人の場合、体内に入った放射性ヨウ素は効率よく甲状腺に取り込まれます。いっぽうヨウ素を日頃から十分に摂取している人の場合、すでに甲状腺がヨウ素で満たされているために、欠乏している人のようには放射性ヨウ素は

甲状腺に取り込まれません。原発事故の際にヨウ素剤を飲むのは、放射性ヨウ素が体内に取り込まれる前に、あらかじめ甲状腺をヨウ素で満たしておくためです。

それでは、ヨウ素が足りているのか不足しているのかは、どのように判断すればいいのでしょうか。

甲状腺ホルモンから遊離したヨウ素、血液中のヨウ素の90％以上は尿中に排泄されます。そのため、尿中のヨウ素濃度が直近のヨウ素摂取量のよい指標になり、尿中のヨウ素濃度を測定することでヨウ素が不足しているかどうかを判断することができます。WHO報告書（Iodine status worldwide—WHO Global Database in Iodine Deficiency（2004））によれば、ヨウ素の尿中濃度が100μg／L以下を欠乏、50μg／L以下を重度の欠乏としています。チェルノブイリ原発事故で国土の多くが汚染されたベラルーシは約8割の住民が100μg／L以下であり、中央値（メジアン）は45μg／Lと報告されており、「中位の欠乏地域」に分類されています。

これに対して日本は、ヨウ素摂取量がむしろ多すぎる国として知られています。2007年に東京で654人の小学生を対象にして尿中ヨウ素濃度の測定を行った結果では、中央値は281.6μg／Lで1,000μg／Lを超えていた子も16％いました（Fuse Y, *et al.*, Thyroid., Vol.17, No.2, pp.145-155 （2007））。WHO報告書によれば適量な尿中ヨウ素濃度は100〜199μg／Lで、200〜299μg／Lは超過、300μg／L以上になると有害な影響が出る可能性があるとされています。ただ、日本で食品からのヨウ素過剰摂取によると思われる健康被害が多いというデータはないようです（畝山智恵子、http://www.foocom.net/fs/uneyama/2523/）。

甲状腺がんはどんな"がん"なのか

次に、甲状腺がんについてご説明しましょう。

甲状腺には濾胞という球状の袋がびっしりつまっており、濾胞の壁には濾胞上皮細胞（以下、濾胞細胞）が一層に並んでおり、ここで甲状腺ホルモンが合成されています。甲状腺がんの大部分は増殖がとてもゆっくりしていて、がんの大きさが変化するのに数年を要するのが普通だといわれています。

甲状腺がんは濾胞細胞から発生し、乳頭がん、濾胞がん、未分化がんなどのさまざまなタイプに分類されていて、日本人では甲状腺がんの約90％が乳頭がんです。乳頭がんには、①生命予後が極めて良い、②低危険度がんの進行はきわめて遅く、生涯にわたって人体に無害に経過するものも少なくない、③若年者の乳頭がんはほとんどが低危険がんである、という特徴があります。甲状腺がんは、その他のがんとはずいぶん違っています。

　がんは、正常細胞の遺伝子（DNA）が変異を起こして腫瘍化し、さらに、がん遺伝子やがん抑制遺伝子に変異が起こってその活性に変化をきたして増殖能を増すとともに、転移能や浸潤能といった悪性の形質を次々と獲得していくことによって発生するという「多段階発がん説」が、多くの研究者によって支持されてきました。がんの多くは子どもや青年期の発生はまれで、高齢になるにしたがって指数関数的に増加していきます。がんが年齢の指数（5乗とも言われています）に比例していることは、多段階発がん説を支える根拠の1つとなっています。

　ところが甲状腺がんの年齢分布は、このような大多数のがんとはまったく異なっています。米国のデータでは、甲状腺がんの発症率は思春期から成人初期にかけて増加していき、上昇は45歳くらいまで続いてその後はほぼ一定になり、75歳をすぎると減少していきます（Williams, D., Eur. Thyroid J., Vol.4, pp.164-173 (2015)）。図4.4（次ページ）は日本病理学会の剖検データベースを用いて計算された甲状腺がんの有病率で、15歳から34歳にかけて急激に増加しており、それ以後はほぼ一定となっています（Takano, T., Endocr. J. EJ17-0026, Feb. 2 (2017)）。

　一般に若い人のがんは、「進行がはやく、予後不良である」といわれています。ところが、甲状腺がんの若年の発症は予後良好の因子になっており、発見時にリンパ節転移が起こっていても、治療もしないで自然消失することが観察されています。

　亡くなった後、剖検で見つかるがんを「潜在がん」といいますが、甲状腺は潜在がんがとても多い臓器だということが知られていました。フィンランドでは剖検を行った方の35.6％に甲状腺がんが発見され（Harach, H. R. et al., Cancer, Vol.56, No.3, pp.531〜538 (1985)）、日本でも剖検された方の11.3〜28.4％で潜在甲状腺がんが見つかっています（Fukunaga, F. H. et al., Cancer, Vol. 36, pp.1095-

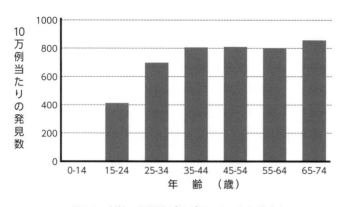

図4.4　剖検で甲状腺がんが見つかった年齢分布
出典：Takano, T., Endocr. J., EJ17-0026, Feb. 2 (2017) を一部改変

1099（1975）; Yamamoto, Y. *et al.*, Cancer, Vol.65, No.5, pp.1173-1179 （1990））。

　甲状腺微小乳頭がんは、最大径が1 cm 以下の乳頭がんのことを言います。最近、さまざまな画像検査によってリンパ節転移や遠隔転移、局所浸潤のない乳頭がんが非常にたくさん、偶発的に見つかっています。

　超音波検査で発見可能なサイズである3 mm 以上に限定しても、0.5〜5.2%に見つかるという報告（Ito, Y. & Miyauchi, A., Endocr. J. Vol.56, pp.177-192（2009））や、乳がん検診に訪れた30歳以上の女性に甲状腺超音波検査と細胞診による甲状腺がん検診を行ったところ、受診者の3.5%に甲状腺がんが見つかり、そのうち84%が微小がんであったという報告（Takebe, K. *et al.*, KARKINOS Vol.7, pp.309-317（1994））があります。Takebe らが報告した数は、当時の臨床がんのおよそ1,000倍の頻度に相当します（伊藤康弘、宮内昭, 内分泌甲状腺外会誌, Vol.32, No.4, pp.259-263（2015））。

　隈病院（神戸市）の宮内昭は、小さい乳頭がんを見つけ次第手術することが本当に患者にとってよいことかどうか疑問であり、むしろ多くの患者が不必要な手術を受けているのではないかと考え、低リスクの微小がんはすぐに手術をせずに経過観察を治療の選択肢にすることを提案し、同病院では1993年から

微小がんの経過観察が開始されました。約20年にわたって経過観察が行われた結果が、2014年に論文として発表されました。それによれば、1,235人の患者は観察した期間で誰一人として甲状腺がんで亡くならず、がんが有意に成長したのはわずか8％にすぎませんでした（Ito, Y. *et al.*, Thyroid Vol.24, pp.27-34（2014））。1995年に癌研病院も低リスクの微小甲状腺がんの経過観察を開始し、同様の結果を報告しています（Sugitani, I. *et al.*, World J. Surg., Vol.34, pp.1222-1231（2010））。

がんと過剰診断について

　亡くなるまで何の症状も示さない甲状腺がんがとても多いということは、「過剰診断」という大きな問題につながることを意味します。過剰診断とは「決して症状が出たり、そのために死んだりしない人を、病気であると診断すること」をいいます。

　なお、甲状腺がんがあるけれども今のところは何も症状は出ておらず、何年かたったら甲状腺が腫れるなどの症状が出てきて、その時点で手術をすれば十分に間に合うけれども、甲状腺の検査をしてがんが早く見つかったというのは「スクリーニング効果」といい、「過剰診断」とはきちんと区別する必要があります。

　Welchらの論文をもとに、がんと過剰診断について説明しましょう（Welch, H. G.& Black, W. C., J. Natl. Cancer Inst., Vol.102, pp.605–613（2010））。

　がんに関する研究で明らかになったことの1つが、「がんの進行度にはばらつきがある」ということです。病理医が「がん」と呼ぶものには、「進行があまりにも速いため、すぐに症状が出て死に至るがん」から、「まったく進行せず、心配しなくていいがん」まで、成長速度がさまざまなものがあります。これを単純化して示したのが図4.5（次ページ）です。4本の矢印は成長速度の違いで分類した4種類のがんを示し、矢印は4本とも、がんが異常な細胞として成長を始める時点から始まっています。成長の速いがんは、すぐに症状が出て死に至ってしまいます。がんの成長があまりに速く、スクリーニングを毎日のように行うわけにもいかないため、このようながんが往々にして検査と検査の

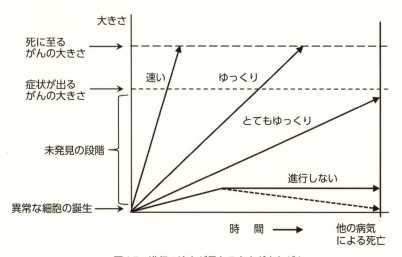

図4.5　進行の速さが異なるさまざまながん

出典：Welch, H. G.& Black, W. C., J. Natl. Cancer Inst., Vol.102, pp.605–613 (2010) を一部改変

間に発生して見逃されてしまいます。一方、ゆっくりと成長するがんは、いずれは症状が出て死に至りますが、それまでに何年もの時間がかかります。そのため、このタイプのがんはスクリーニングで最大のメリットを得ることができます。

　一方、あまりにゆっくり成長するため、何の問題も引き起こさないがんもあります。このようながんは、がんそのものが大きくなって症状が出るより前に、患者は別の病気で亡くなってしまいます。さらに、非進行性のがんの場合は、まったく成長しないのですから何の問題も起こりません。顕微鏡で見れば「がん」の病理学的定義にあてはまる異常があっても、このようながんは症状を起こすほど大きくはなりません。それどころか図4.5の右下の点線のように、いったん成長しても退縮することがあることもわかってきています。

　過剰診断は、このような「非進行性のがん」や「非常にゆっくり成長するがん」が見つかった場合に起こります。やっかいなのは、スクリーニングでは図4.5に示した4種類のがんを区別できないことです。今のところ、ある人が過剰診断をされたかどうかが確実にわかるのは、がんと診断されても治療を受けなかったけれども、その後にがんの症状は出ることもなく、最終的に他の

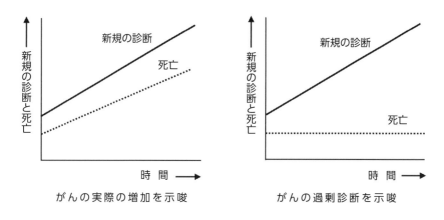

図4.6　がんの診断率急増についての2つの理由

出典：Welch, H. G.& Black, W. C., J. Natl. Cancer Inst., Vol.102, pp.605–613 (2010) を一部改変

何かの原因で亡くなったという場合だけです。しかし、がんと診断されればほとんどの人は治療を受けるので、こういったことはめったに起こりません。

　ある特定の人が過剰診断をされたかどうかを知るのは極めて難しいのですが、集団全体で見れば、過剰診断が起こっているかどうかを知るのは、それほど難しいことではありません。図4.6のように、がんの診断率とがんによる死亡率を比較すれば、過剰診断があるかどうかを推測することができます。2つのグラフとも、がんの診断率が急上昇しています。両方のグラフで異なっているのは、がんによる死亡率の推移です。

　左のグラフでは、がんの診断が増えるのに伴って、がんによる死亡も増えています。これは、症状が出たり死んだりするような問題を起こすがん（図4.5の「速い」と「ゆっくり」）が、実際に増えていることを示唆しています。そのため、「診断することに意味がある」ということができます。

　一方、右のグラフでは、がんの診断が増えているのに、がんによる死亡は増えていません。これは、がんの診断が増えても、問題を起こすがんには変化がないことを示唆しています。つまり、図4.5の「とてもゆっくり」と「進行しない」がんを新たに見つけているだけで、過剰診断があると考えられます。

それでは、実際のデータを見ていくことにしましょう。

韓国と米国 ── 検査技術の向上で甲状腺がんを大量に発見。しかし死亡率は変わらず

　まずは韓国のデータです。韓国では2000年頃から、甲状腺がんの罹患率（ある集団で一定の期間に疾病が発生した率）が急に上昇していき、2011年には1993年の15倍にもなりました。罹患率の上昇のほとんどは、予後がよい乳頭がんによって占められていました。ところが甲状腺がんによる死亡率は変わっていません（図4.7）。図4.7のグラフは、図4.6の右のグラフとよく似ていますね。

　韓国では1999年に政府によるがん検診プログラムが開始され、乳がんや子宮頸がん、大腸がん、胃がん、肝がんの検診が無料もしくは低額の負担で受けられるようになりました。甲状腺がんのスクリーニングはこのプログラムには含まれませんでしたが、30〜50ドルという安価で超音波検査が受けられるようになりました。その結果、甲状腺がんの検診数は急速に増えていきました。

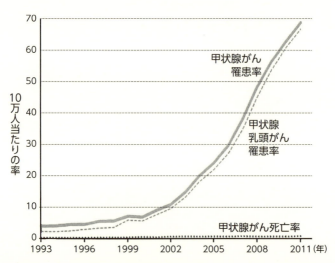

図4.7　韓国における甲状腺がん罹患率と死亡率の推移。いずれも年齢調整を行っている
出典：Ahn, H. S. *et al.*, N. Engl. J. Med., Vol.371, No.19, pp.1765-1767（2014）を一部改変

ソウル大の Ahn らは、甲状腺がんの罹患率が急増したのに死亡率は変化していないのは、甲状腺がん検診の増加に伴う過剰診断が原因であると指摘しました。Ahn らは同様の現象がいくつもの国で起こっていること、韓国で甲状腺がん手術を受けた人で 11％に副甲状腺機能低下症、2％で声帯につながる反回神経の損傷が起こっていることなどをあげて、甲状腺がんのスクリーニング検査は見直すべきであると述べています（Ahn, H. S. *et al.*, N. Engl. J. Med., Vol.371, No.19, pp.1765-1767（2014））。

　韓国では政府やメディアが甲状腺がんの早期発見を推奨していましたが、医師たちが甲状腺がんの過剰診断について懸念を表明し、主要な新聞各社も過剰診断について取り上げた記事を掲載しました。韓国では今後、甲状腺がんの検診数は減少していき、それに伴って罹患率も下がっていくと考えられています。

　米国でも同様のことが報告されています。ダートマス大の Davies と Welch は、米国の 5 つの州（コネチカット、ハワイ、アイオワ、ニューメキシコ、ユタ）と 4 つの大都市（アトランタ、デトロイト、サンフランシスコ、シアトル）で甲状腺がんの罹患率と死亡率を、米国がん統計のデータから経年的に調べました。これらの州と市の人口の合計は、米国の約 10％をしめています。米国では 1980 年代から甲状腺の超音波検査、1990 年代からは穿刺吸引細胞診が普及しています（Davies, L. and Welch, H. G., JAMA, Vol.295, No.18, pp. 2164-2167（2006））。

　図 4.8（次ページ）は甲状腺がんの罹患率と死亡率の推移です。罹患率は 1973 年の 10 万人あたり 3.6 人から 2002 年には 2.4 倍の 8.7 人に増加しました。ところが甲状腺がんの死亡率は増加せず、1973 年に 10 万人あたり 0.57 人だったのが、1980 年には 0.48 人、2002 年には 0.47 人に減少しました。

　甲状腺がんは細胞の外観から、最も頻度が高くて予後のいい乳頭がん、同じく予後のいい濾胞がん、まれであるが予後の悪い未分化がんに分けられます。図 4.9（次ページ）は甲状腺がんの種類別の罹患率です。濾胞がんと未分化がんの罹患率は横ばいであり、甲状腺がん全体の罹患率が増えているのは、乳頭がんの罹患率が増えているためであることがわかります。

　がんの大きさは 1988 年から記録されています。1988 年と 2002 年を比べ

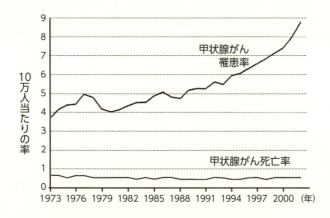

図4.8　米国における甲状腺がんの罹患率と死亡率
出典：Davies, L. and Welch, H. G., JAMA, Vol.295, No.18, pp. 2164-2167（2006）を一部改変

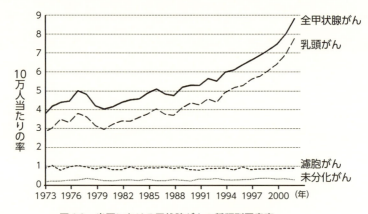

図4.9　米国における甲状腺がんの種類別罹患率
出典：Davies, L. and Welch, H. G., JAMA, Vol.295, No.18, pp. 2164-2167（2006）を一部改変

ると、乳頭がんの罹患率は10万人あたり4.1人増加しました。図4.10は乳頭がんを発見時の大きさ別に分類したもので、罹患率の増加は微小ながんの発見数の増加によるものであることがわかります（増加したうちの49％は1.0cm以下、38％は1.1〜2.0cm）。これらの結果は、米国でも検査技術の向上によって、それまでは検出できなかった微小サイズの甲状腺がんが検出できるようになり、それによって罹患率が上昇したことを示しています。

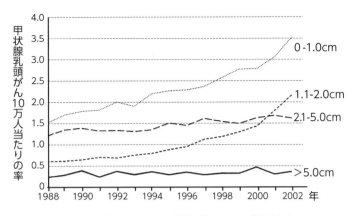

図4.10　米国における甲状腺がんのサイズ別罹患率

出典：Davies, L. and Welch, H. G., JAMA, Vol.295, No.18, pp. 2164-2167（2006）を一部改変

　Davies と Welch は、見つかった甲状腺がんが 1 cm 以下の微小がんであった患者のうち、75％の人たちは甲状腺のすべてを摘出する手術を受けており、韓国と同様に手術には副甲状腺機能低下症や反回神経の損傷といった重大なリスクがあることを指摘しています。そして過剰診断を防ぐために、1 cm 以下の甲状腺乳頭がんはただちに異常所見と分類すべきでないと述べています。

　この節の冒頭で、①米国甲状腺学会の「甲状腺結節と甲状腺分化がん取り扱いガイドライン」が大きく変更されたこと、②米国予防医学専門委員会（USPSTF）が「症状がない人への甲状腺検診は有害性が有益性を上回るので、行うべきではない」という勧告を出したことをご紹介しました。これらは、韓国や米国のデータが示すように、甲状腺がんの検査は「過剰診断」という重大な問題を伴っていることをふまえたものです。

甲状腺がんの発生と経過に関する新しいモデル

　甲状腺がんには、①命を奪わないがんが大部分（別の病気で亡くなった後に解剖で見つかる潜在がんがとても多い）、②年齢分布がほかのがんとまったく違う（発症率は思春期から成人初期にかけて増加していき、上昇は 45 歳くらいまで続いてその後はほ

ぼ一定になり75歳をすぎると減少）、③若い人のがんは予後良好（発見時にリンパ節転移が起こっていても、治療もしないで自然消失することが観察されている）という、とても変わった性質があることを述べました。

こういった性質は「多段階発がん説」（正常細胞の遺伝子（DNA）が変異を起こして腫瘍化し、さらに、がん遺伝子やがん抑制遺伝子に変異が起こってその活性に変化をきたして増殖能を増すとともに、転移能や浸潤能といった悪性の形質を次々と獲得していくという考え）では説明できません。これに代わって注目されるようになってきたのが、大阪大学の高野徹が提唱した「芽細胞発がん説」です。芽細胞発がん説は、「もともと転移能や浸潤能をもっている未分化な甲状腺芽細胞が、分化することなく増殖したものから発生する」という仮説です。この仮説は甲状腺がんの発生や経過をよく説明できます(Takano, T., 前掲書 ; Takano, T, J. Basic Clin. Med., Vol.3, pp.6-11, (2014))。

多段階発がん説と芽細胞発がん説の違いを、図4.11をみながらご説明しましょう。

甲状腺がんは長い間、中年になってから甲状腺細胞（thyrocyte）から発生し、増殖する中で悪性の形質を獲得していき、ついには致死的ながんになると考えられてきました（高齢発症の多段階発がん説）。図4.11のAがそうですが、この説では甲状腺がんで観察されている3つのこと、すなわち①韓国と米国で検診の広まりによって、甲状腺がん罹患率が急上昇したのに死亡率は変わっていない、②福島での甲状腺検査で10歳ころから甲状腺がんが見つかり、15歳を超えると有病率が急上昇している、③隈病院で微小甲状腺がんの経過観察を約1,200人について20年にわたって行い、その期間で誰一人として甲状腺がんで亡くならず、がんが有意に成長したのは8％であった。癌研病院でも同様の結果が得られた、といった事実を説明できません。

これに代わってケンブリッジ大のWilliamsが提唱したのが、若年発症の多段階発がんモデル（図4.11のB）です（Williams, D., 前掲書）。この仮説でも、甲状腺がんの起原は甲状腺細胞です。正常細胞は幼児期に腫瘍化し、非常にゆっくりと増殖していきます。そして増殖をくり返す中で遺伝子変異が蓄積していって、がんが悪性の形質を獲得していってがん死を起こすようになると説明しています。もしそうであるならば、甲状腺未分化がんは分化がんの遺伝

子変異を引き継いでいるはずです。ところがそのような現象は観察されていません。甲状腺がんの遺伝子変異は、がんの種類（乳頭がん、濾胞がん、未分化がん）におおむね特異的であることが知られており、例えば分化がん（乳頭がん、濾胞がん）では PAX8/PPAR γ 1 や RET/PTC という遺伝子変異が高率で見つかっていますが、未分化がんではこの遺伝子変異は見つかりません。

　また、バセドウ病の治療などで成人の甲状腺に放射線を照射しても、甲状腺がんの発生率はまったく上昇しません。さらに、REC/PTC や変異型 BRAF というがん遺伝子をマウスに導入する実験を行うと、胎生期では正常な甲状

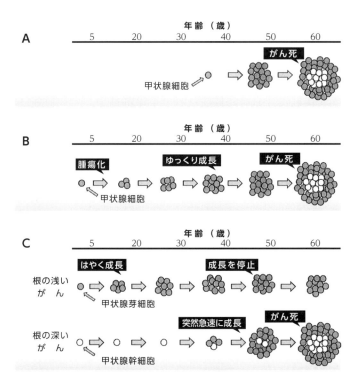

図4.11　甲状腺がんの発生と経過に関する3つのモデル。Aは高齢発症の多段階発がん説、Bは若年発症の多段階発がん説、Cは芽細胞発がん説
出典：Takano, T., Endocr. J., EJ17-0026, Feb. 2 (2017) を一部改変

腺細胞が乳頭がん細胞になりますが、大人のマウスではがんが誘導できません。乳頭がんができたマウスにがん遺伝子阻害剤を入れると、乳頭がん細胞が正常甲状腺細胞に変化することが観察されます。このことは、ワンヒットで発がんし、そのヒットが修復されると正常細胞に戻るのであって、遺伝子変異の蓄積でがん化しているのではないことを示しています。

このように若年発症の多段階発がん説でも、甲状腺がんで観察されている臨床・実験データを説明することができません。

甲状腺がんは他の多くのがんと違って、増殖や転移といった活動性が患者の予後と一致していません。このことが研究者や医師を長い間悩ませてきました。若い人の甲状腺がんは急速に増殖し、しばしば遠隔転移も伴っています。ところがこのような場合でも若い人の甲状腺がんは予後がよく、適切な治療を行えば患者は甲状腺がんで死ぬことはありません。いっぽう、遠隔転移をきたした高齢の甲状腺がん患者は、遠隔転移がない患者に比べて予後が悪いことが知られています。

芽細胞発がん説はこうした甲状腺がんの特徴を、うまく説明することができます。図4.11のCが芽細胞発がん説です。芽細胞発がん説において、甲状腺がんの起原になるのは甲状腺細胞ではなく、胎児期に存在している胎児甲状腺細胞の「残り物」です。

胎児期の甲状腺は咽頭部で発生して、発生が進むにつれてゆっくり大きくなりながら移動していきます。移動する途中で甲状腺に特異的なチログロブリン遺伝子を発現するようになり、最終的には前頸部に落ちつきます。移動していく過程には、ほかの細胞の間をすり抜けていく能力、すなわち転移能と浸潤能が必要です。つまり胎児甲状腺細胞は、チログロブリンを発現していて転移・浸潤を起こしながらゆっくり増殖するという、甲状腺分化がんにそっくりの細胞です。

芽細胞発がん説は、甲状腺がんには「根の浅いがん」と「根の深いがん」の2種類があるとしています。根の浅いがんは、分化した胎児細胞である甲状腺芽細胞 (thyroblast) に由来しており、腫瘍化するとただちに増殖を開始して、若い患者では急速に成長していきます。ところが増殖能には限りがあるので、中年期になると成長を止めてしまい、患者の命を奪うことはありません。

いっぽう根の深いがんは、未分化の甲状腺幹細胞（thyroid stem cell）に由来します。根の深いがんは腫瘍化してもただちに増殖せず、数十年間はサイレントなまま経過して、中年になってから突然増殖を開始します。いったん増殖を始めると、際限なく増殖が続いていくため予後は不良で、患者の命を奪ってしまいます。

　乳頭がんの発生母地である甲状腺芽細胞は5歳までに消失し（①）、芽細胞の前段階である幹細胞はさらに速い段階で消失している（②）と考えられます。チェルノブイリ原発事故において放射性ヨウ素が、5歳以下の乳幼児にほぼ限定して甲状腺がんを発生させたこと、バセドウ病などで甲状腺に放射性ヨウ素の治療を行っても甲状腺がんのリスクは上がらないことは、①によって説明できます。②については、成人で甲状腺幹細胞が残存して甲状腺の機能維持になんらかの貢献をしているとは考えにくく、残存している場合は将来的にがん死をきたすような未分化、低分化がんの発生母地になり得てしまいます。高野は、甲状腺幹細胞の残遺の有無を検出する検査法が開発されれば、経皮エタノール注入などで簡単に死滅させることができ、これが究極の予防治療となって甲状腺がんでがん死することはなくなるであろうと述べています。

　高野の突拍子もない仮説は、はじめはほとんど無視されていたそうですが、最近では有力な仮説として注目されるようになってきています。高野は理学部天文学科を卒業した後、医学部に学士入学しています。独創的な発想の背景に"理学部育ち"があったのだろうかと勝手に想像し、同じ理学部出身の筆者は親近感をいだいています。

（児玉一八）

⑶
被曝の影響はでているのか

放射性ヨウ素の放出量
—— 福島第一原発事故とチェルノブイリ原発事故の違い

　福島第一原発事故後に見つかっている甲状腺がんについて考える上で、チェルノブイリ原発事故と福島第一原発事故の違いをふまえることが重要です。はじめに、2つの事故で放出された放射性ヨウ素の量を比較してみましょう。

　チェルノブイリ原発事故では、原子炉の出力が定格の100倍に急上昇し、水蒸気爆発が起こって原子炉と原子炉建屋が破壊されました。格納容器をもたない炉型であったこと、爆発によって圧力容器の上蓋が吹き飛んで青天井になったこと、減速材の黒鉛が火災を起こして10日間燃え続けたことが相まって、放射性ヨウ素は原子炉内に存在したうちの50%が放出されたと評価されています。

　福島第一原発事故では、原子炉建屋の上部は水素爆発で破壊（1,3,4号機）されましたが、格納容器は比較的健全（2号機は圧力抑制室が一部破損）であり、主に格納容器ベントと2号機圧力抑制室の破損箇所から放射性核種が大気中に放出されました。

　表4.1は国連科学委員会『2013年報告書』が、さまざまな研究グループによって推定されたヨウ素131の環境放出量をまとめたものです。福島第一原発事故によるヨウ素131の放出量は、チェルノブイリ原発事故（1,800ペタベクレル（PBq）・ペタは10の15乗）のおよそ10分の1であったと評価されています。なおインベントリはもともと全在庫品を意味する言葉で、ここでは原子炉に蓄積したヨウ素131の全量を示します。福島第一原発事故では放射性ヨウ素は、原子炉内に存在したうちの1／60〜1／12程度が放出されたと評価されています。

表4.1　福島第一原発から放出されたヨウ素131の推定環境放出量

	1号機から3号機の停止時におけるインベントリ (PBq)	大気中への放出 (PBq)	海洋への放出 (PBq)	
			直接的	間接的
ヨウ素131	6000	100〜500	約10〜20	60〜100

注：間接的放出は、最初に大気中に放出され、その後海洋表面に沈着した放射性核種によるもの
出典：国連科学委員会「2013年報告書」

表4.2　12市町村から避難した人々の事故直後1年間における甲状腺吸収線量（mGy）の推定値

年齢層	予防的避難地区			計画的避難地区		
	避難前および避難中	避難先	事故直後1年間合計	避難前および避難中	避難先	事故直後1年間合計
成　人	0〜23	0.8〜16	7.2〜34	15〜28	1〜8	16〜35
小児、10歳	0〜37	1.5〜29	12〜58	25〜45	1.1〜14	27〜58
幼児、1歳	0〜46	3〜49	15〜82	45〜63	2〜27	47〜83

出典：国連科学委員会「2013年報告書」

　国連科学委員会『2013年報告書』は、福島第一原発事故に近接した12市町村（双葉町、広野町、浪江町、楢葉町、大熊町、富岡町、飯舘村、川俣町、南相馬市、田村市、川内村、葛尾村）から避難した人々の事故直後1年間の被曝線量を、避難前および避難中に被曝した線量と、1年のうち残りの期間に避難先で被曝した線量の合計として推計しました。

表4.3　福島県の避難対象外行政区画の住民の事故から1年間の甲状腺吸収線量（mGy）の推計値

	甲状腺の吸収線量 (mGy)
成　人	7.8 〜 17
小児、10歳	15 〜 31
乳児、1歳	33 〜 52

出典：国連科学委員会「2013年報告書」

　表4.2は、放射性ヨウ素による甲状腺吸収線量の推定値です。成人の場合は最大で35ミリグレイ（mGy）、1歳の乳児の場合は最大で83mGyでした。放射性ヨウ素が放出するベータ線、ガンマ線の放射線荷重係数は1ですから、1mGy＝1ミリシーベルト（mSv）と読みかえることができます。

　国連科学委員会『2013年報告書』は、福島県の避難対象外地域に暮らしていた成人、10歳児および1歳児における事故から1年間の甲状腺吸収線量の

推定値も報告しています（表4.3）。これによれば、成人は最大で17mGy、10歳児は31mGy、1歳児は52mGyとなっています。

なお、放射性ヨウ素を経口または吸入摂取した量（Bq）から甲状腺等価線量を計算する際、年齢ごとに異なる甲状腺等価線量換算係数（μSv/Bq）をかけて計算します。成人よりも幼児や小児のほうが換算係数が大きいので、同じ量を摂取しても甲状腺等価線量は異なった値になります。

弘前大学の床次眞司らは福島第一原発から北西約30kmに位置する浪江町津島地区の62人（0～83歳、8人は年齢情報が入手できなかった）の方々について、2011年4月12～16日にNaI（Tl）シンチレーションスペクトロメータを頸部にあてて甲状腺内ヨウ素131量の測定を行いました。得られたヨウ素131量に、吸入と経口摂取のそれぞれの甲状腺等価線量換算係数をかけて求めたのが、表4.4に示す年齢層別の甲状腺等価線量（単位はmSv）です。吸入の場合に最も高かったのは、子ども（20歳未満）では23mSv、成人では33mSvでした。中央値は子どもと成人で、それぞれ4.2mSvと3.5mSvでした（放射線をあびた量〈被曝線量〉には、「吸収線量」、「等価線量」、「実効線量」などいろいろなものがあります。第3章の(4)でまとめて説明していますので、そちらをご覧ください〈→129ページ〉）。

床次らはこれらの結果を、チェルノブイリ事故での避難者の平均甲状腺等価線量490mSv（ミリシーベルト）と比較し、福島第一原発事故で推定される甲状腺等価線量ははるかに小さく、吸入と経口摂取の2つの経路のいずれでも50mSvを超えることはなかったと推定されると述べています。

2011年3月15日に浪江町津島地区では降雨があり、地上に多量の放射性物質が沈着しました。床次らは3月15日の午後の4時間にもっとも多くのヨウ素131を吸入したと推定し、大気中のヨウ素131最大推定濃度25,000Bq／m³を用いて、表4.5のように年齢別で甲状腺等価線量の推定も行っています（Tokonami, S. *et al.*, Scientific Reports 2 (507): 1-4 (2012)）。

表4.6はチェルノブイリ原発事故後の、ベラルーシでの甲状腺等価線量を示しています。これを見ると、270万人の子どもたちの1.1%、約3万人が1シーベルト、すなわち1,000mSvを超える被曝をしています。最大では

表4.4　2011年4月12〜16日に測定された甲状腺ヨウ素131量とそれに相当する甲状腺等価線量

年齢層	人　数	甲状腺のヨウ素131量(Bq)	甲状腺等価線量 (mSv)	
			吸　入	摂　取
0〜9歳	5	N.D. 〜 0.017	N.D. 〜 21	N.D. 〜 24
10〜19歳	3	0.090 〜 0.54	3.8 〜 23	4.2 〜 25
20〜29歳	9	N.D. 〜 0.59	N.D. 〜 16	N.D. 〜 17
30〜39歳	6	N.D. 〜 0.17	N.D. 〜 4.4	N.D. 〜 4.9
40〜49歳	4	N.D. 〜 1.5	N.D. 〜 33	N.D. 〜 37
50〜59歳	10	N.D. 〜 1.1	N.D. 〜 31	N.D. 〜 34
60〜69歳	12	N.D. 〜 0.20	N.D. 〜 5.3	N.D. 〜 5.8
70〜79歳	3	0.090 〜 1.5	2.3 〜 31	2.5 〜 34
80歳以上	2	N.D. 〜 0.70	N.D. 〜 19	N.D. 〜 21
不　明	8	N.D. 〜 1.4	N.D. 〜 28	N.D. 〜 30

注：「N.D.」は「検出されず」　出典：Tokonami S. *et al.*, Scientific Reports 2(507): 1-4 (2012)を一部改変

表4.5　大気中ヨウ素131の最大推定値を用いた甲状腺等価線量の推定

年　齢	4時間で吸い込む空気の量（m³）	ヨウ素131の吸入量（kBq）	甲状腺等価線量換算係数 (mSv/kBq)	甲状腺等価線量（mSv）
3ヶ月	0.48	10.9±0.9	3.3	36±3
1 歳	0.86	19.7±1.6	3.2	63±5
5 歳	1.45	33.4±2.6	1.9	63±5
10 歳	2.55	58.5±4.6	1.0	56±4
15 歳	3.35	76.9±6.1	0.6	48±4

出典：Tokonami S. *et al.*, Scientific Reports 2(507): 1-4 (2012) を一部改変

表4.6　ベラルーシにおける年齢層別の甲状腺等価線量の分布

年齢層（事故時）	甲状腺等価線量別の人口割合（%）					人　口（百万人）
	0〜0.05Gy	0.05〜0.1Gy	0.1〜0.5Gy	0.5〜1Gy	1Gy以上	
幼児・少年少女	60.1	19.3	16.3	3.2	1.1	2.7
大　人	81.4	7.3	10.6	0.69	0.01	6.8
合　計	75.5	10.6	12.2	1.4	0.3	9.5

出典：A Quarter of a Century after the Chernobyl Catastrophe : Outcomes and Prospects for the Mitigation of Consequences (National Report of the Republic of Belarus, 2011). を一部改変

5,900mSvと言われています。

　このように福島第一原発事故とチェルノブイリ原発事故では、甲状腺等価線量はおよそ2ケタの違いがあります。甲状腺がんについて考える上で、この違いをふまえることが重要です。

チェルノブイリ原発事故後、福島第一原発事故後の甲状腺がんの年齢分布

　チェルノブイリ原発事故により、4年後の1990年から子どもの甲状腺がんの増加が見られました。図4.12はチェルノブイリ原発事故後、および福島第一原発事故については最初の3年間に見つかった、事故時の年齢ごとの甲状腺がん症例の年齢分布を示します（Williams, D., Eur. Thyroid J., Vol.4, No.3, pp.164-173 (2015)）。チェルノブイリと福島のそれぞれで、見つかった全甲状腺がん症例数に対する各年齢での症例数の比を示すグラフであり、チェルノブイリと福島での甲状腺がんの発見数の比較はできないのでご注意ください。

　チェルノブイリ原発事故後の年齢分布を見ると、事故時の年齢が低いほど甲状腺がんが多く見つかっており、年齢が上がるにしたがって低下していることがわかります。福島第一原発事故後の年齢分布はチェルノブイリとまったく異なり、5歳以下では甲状腺がんは見つかっておらず、10歳前後から年齢の上昇とともに甲状腺がんが増えていきます。

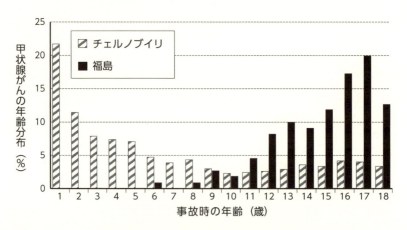

図4.12　チェルノブイリ原発事故後、および福島第一原発事故の最初の3年間に見つかった、事故時の年齢ごとの甲状腺がん症例の年齢分布。チェルノブイリと福島のそれぞれで、見つかった全甲状腺がん症例数に対する各年齢での症例数の比を示す

出典：Williams, D., Eur. Thyroid J., Vol.4, No.3, pp.164-173 (2015) を一部改変

放射性ヨウ素の甲状腺被曝がもたらす発がんリスクは、5歳までにほぼ限定されて5歳を超えるとリスクが低くなること、成人ではバセドウ病の治療などで放射性ヨウ素を投与しても甲状腺がんのリスクが高くならないことがわかってきています（Takano, T., Endocr. J., EJ17-0026, Feb. 2（2017））。

　甲状腺がん年齢分布のデータも、チェルノブイリ原発事故後と福島ではまったく異なっています。なお、チェルノブイリ事故後の子どもの甲状腺がんの年齢分布をくわしく見ると、10歳を超えるあたりから少しずつ増加していることがわかります。ケンブリッジ大のWilliamsはこの増加について、放射線被曝とは関係なく年齢が上昇するにつれて増えてくる甲状腺がんによると考えられると述べています（Williams, D., 前掲書）。チェルノブイリ原発事故後に見つかった甲状腺がんでも、過剰診断が起こっていると推測されます。

２つの正反対の論文
── 疫学の研究はどのように行われるのか

　次に、福島第一原発事故に伴う外部被曝線量と、福島県県民健康調査の先行調査を受診した18歳以下の約30万人の方々で見つかった甲状腺がんの有病率（または罹患率）の関連を調べた研究をご紹介します。

　福島県立医大の大平らと岡山大の津田らがそれぞれ、こうした研究を行っていますが、結論は正反対のものとなっています（Ohira, T. *et al.*, Medicine (Baltimore)，Aug；95（35）：e4472（2016）；Tsuda, T. *et al.*, Epidemiology, Vol.27, No.3, May（2016））。大平らは外部被曝線量と甲状腺がん有病率の間に有意な関連は見られなかったとし、一方で津田らは福島県における甲状腺がん罹患率は全国の罹患率と比較すると超過（中通り中部だと50倍）であって、スクリーニング効果では説明できない、とまったく異なる結論を導いています。どちらが正しいのでしょうか。なお、「福島で甲状腺がんが増えていて、原因は放射線被曝である」と述べている査読付きの英語論文は、この津田らの論文だけです。

　2つの論文とも、疫学の方法論を使って研究しています。論文の検討に入る前に、

表4.7　オッズ比を考えるための表

	治　癒	非治癒
投　薬	20人	80人
偽　薬	11人	87人

疫学ではどのように研究が行われるかについてかいつまんでご説明します。はじめは「オッズ比」について。

このような研究を行うとき、症例と対照の間でオッズ比というものを出します。例えば、「ある疾患の新しい治療薬の効果を試すために、100人の罹患者に対して処方したところ、20人が治癒した。そのことをもってこの薬には効果がないと判断してよいか」ということを考えてみましょう。偽薬を処方した対照群では、11人が治癒したとします。まとめたのが表4.7です。

本物の薬を飲んでいた100人（症例群）のうち、治癒した数（20人）をしなかった数（80人）で割った値（20／80 = 0.25）をオッズ（odds）といいます。偽薬を飲んでいた対照群でも同様にオッズ0.13（= 11／87）が定義できます。次に、本物の薬を飲んだ場合のオッズと、偽薬を飲んだ場合のオッズとの比の値（前の数を後の数で割った値）をオッズ比（odds ratio）といいます。つまり、

$$オッズ比 = \frac{20／80}{11／87} = \frac{0.25}{0.13} = 1.98$$

もしも薬の効果があったとすれば、本物の薬を飲んだ方のオッズは大きくなり、オッズ比は1よりも大きくなります。仮にオッズ比が1であった場合は、両者で何らの差も見られなかったことになり、投薬とその効果の間に有意な関係はなかったと評価されます。このように，オッズ比が1よりも大きいかどうかは、治療薬の客観的な効き目を判定する上で重要な指標になります。上の例では、オッズ比を計算してみると1.98となり、1よりもかなり大きい値になるので、この薬は有効であると推測することができるわけです。

このように得られた「オッズ比1.98」という観察結果は、真の姿を反映しているかというとそうではなく、誤差（真の姿と観察結果の差）を含んだものなので「推定値」と言えます。いま行ったように、推定値を1つの点で決めてしまうことを「点推計」といいます。標本（母集団から一部をぬきだして、観察を行った集団）の統計量にはばらつきがありますが、点推計の値だけではどれほどのばらつきがあるのか

(つまり、どの程度信用できるのか) がわかりません。そこで、推定値に一定の範囲をとってやれば、その中に入る確率を指定することができます。これを「区間推定」といい、通常の区間推定では「95％信頼区間 (95% CI)」を算出しています。「母集団の値が95％の確率で含まれている範囲」ということです。95％信頼区間の幅を狭くするためには、標本サイズを大きくする必要があります。

　例えば、相対危険 (特定の状態—疫学では「曝露」といいます—と疾病発生の関連の大きさを示す) が5.0でその95％信頼区間が1.01 〜 22.4という結果が得られたとします。95％信頼区間の幅が広く、あまり精度のよい研究とは言えませんが、95％信頼区間が1.0を含まないために、有意水準5％で統計学的に有意な結果となります。次に、相対危険が1.1で95％信頼区間が0.95 〜 1.28という結果が得られたとします。ここでは95％信頼区間が1.0をまたいでいて両者が無関係であることを示しているので、「特定の状態と疾病発生の間には関連がない」ということになります。

　次に「交絡」について説明します。たぶん、大多数の方は聞いたことがない言葉だと思います。ところが疫学研究を行う上で、「交絡」は絶対に避けて通ることができないもので、「交絡因子に配慮のない研究は、疫学研究ではない」と言われています。交絡因子とは、曝露と疾病発生の関係に影響を与え、真の関係とは違った観察結果をもたらす「第3の因子」のことを言います。

　日本で虚血性心疾患による死亡率が上昇しているかどうか、ということを例にしましょう。虚血性心疾患の死亡率は高齢者ほど高いことが知られています。近年、日本では高齢者が増加してきており、以前と比較すると人口に占める高齢者の割合が上昇しています。そこで、単純に死亡者数を人口で割った粗死亡率は上昇しているのですが、これが単に高齢者が増加したためだけの原因で増加してきたのか、それともそれ以外の原因で増加傾向にあるのかは、明らかにしておかなければなりません。すなわち、「時代の変遷」という曝露と虚血性心疾患死亡との関係を観察する際には、「高齢者の増加」が交絡因子となるわけです。

　疫学研究では、「性」と「年齢」は必ず交絡因子として取り扱うことが求められています (小波秀雄『統計学入門』(2016)、http://ruby.kyoto-wu.ac.jp/~kona-mi/Text/Statistics.pdf ; 中村好一『基礎から学ぶ楽しい疫学第3版』医学書院 (2013))。

外部被曝線量と甲状腺がん有病率の間には
関連は見られなかった

それでは、大平らの論文と津田らの論文の検討に入ることにしましょう。

大平らの論文（Ohira, T. *et al.*, Medicine（Baltimore）, Aug；95（35）：e4472
（2016））は、福島県県民健康調査の先行検査（2011年10月〜2015年6月）を
受診した18歳以下の男女30万476人を対象として、事故後の外部被曝線
量と小児甲状腺がん有病率との関連を検討しています。

はじめに、県民健康調査における基本調査の個人の外部被曝線量の結果を
もとに、福島県を「外部被曝線量が5mSv以上の方が1％以上いる地域（グ
ループA）」、「外部被曝線量が1mSv以下の方が99.9％以上の地域（グループ
C）」、「それ以外の地域（グループB）」の3つの地域に分けています（図4.13）。

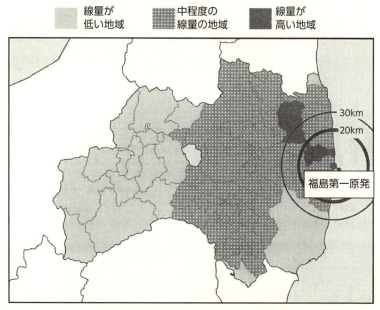

図4.13　大平らの福島第一原発事故に伴う放射線量の地域区分

出典：Ohira, T. *et al.*, Medicine（Baltimore）, Aug;95（35）:e4472（2016）を一部改変

表4.8　福島第一原発事故後4ヶ月の外部被曝線量で区分した地域ごとの甲状腺がん有病率の年齢、性補正したオッズ比と95%信頼区間の比較

	線量が 高い地域[※1]	中程度の 線量の地域[※2]	線量が低い 地域[※3]
受診者数、人	4,192	213,564	82,720
女性、%	50.5	49.4	49.8
福島第一原発事故時の年齢、歳(標準偏差)	9.4 (5.4)	9.0 (5.1)	8.6 (4.8)
検査を行った時の年齢、歳(標準偏差)	10.2 (5.4)	10.6 (5.1)	11.2 (4.9)
事故から検査までの期間、年(標準偏差)	0.8 (0.6)	1.7 (0.7)	2.6 (0.5)
甲状腺がんと診断された人数、人	2	76	34
10万人当たりの有病率	47.7	35.6	41.1
補正前のオッズ比(95%信頼区間)	1.16(0.28-4.83)	0.87(0.58-1.30)	対照
年齢と性で補正したオッズ比(95%信頼区間)[※4]	1.49(0.36-6.23)	1.00(0.67-1.50)	対照
多変量調整したオッズ比(95%信頼区間)[※5]	1.01(0.22-4.63)	0.82 (0.51-1.34)	対照

※ 1　外部被曝線量が5ミリシーベルト以上の方が1%以上いる地域
※ 2　※ 1 と※ 3 以外の地域
※ 3　外部被曝線量が1ミリシーベルト以下の方が99.9% 以上の地域
※ 4　甲状腺検査時の年齢と性で補正
※ 5　甲状腺検査時の年齢、性、事故から検査までの期間で補正
出典：Ohira, T. *et al.*, Medicine(Baltimore), Aug;95(35):e4472(2016) を一部改変

表4.9　WHOが推定した福島第一原発事故後1年の外部被曝線量で区分した地域ごとの甲状腺がん有病率の年齢、性補正したオッズ比と95%信頼区間の比較

	線量が 高い地域[※1]	中程度の 線量の地域[※2]	線量が低い 地域[※3]
受診者数、人	4,192	147,830	148,454
女性、%	50.5	49.4	49.8
福島第一原発事故時の年齢、歳(標準偏差)	9.4 (5.4)	9.0 (5.2)	8.7 (4.9)
検査を行った時の年齢、歳(標準偏差)	10.2 (5.4)	10.6 (5.2)	11.0 (4.9)
事故から検査までの期間、年(標準偏差)	0.8 (0.6)	1.5 (0.6)	2.3 (0.7)
甲状腺がんと診断された人数、人	2	52	58
10万人当たりの有病率	47.7	35.2	39.1
補正前のオッズ比(95%信頼区間)	1.22 (0.30-5.00)	0.90 (0.62-1.31)	対照
年齢と性で補正したオッズ比(95%信頼区間)[※4]	1.50 (0.37-6.15)	1.01(0.69-1.47)	対照
多変量調整したオッズ比(95%信頼区間)[※5]	1.07 (0.24-4.71)	0.84 (0.54-1.32)	対照

※ 1　外部被曝線量が5ミリシーベルト以上の方が1%以上いる地域
※ 2　※ 1 と※ 3 以外の地域
※ 3　外部被曝線量が1ミリシーベルト以下の方が99.9% 以上の地域
※ 4　甲状腺検査時の年齢と性で補正
※ 5　甲状腺検査時の年齢、性、事故から検査までの期間で補正
出典：Ohira, T. *et al.*, Medicine(Baltimore), Aug;95(35):e4472(2016) を一部改変

その上で、最も線量が低い地域 (グループ C) に対する甲状腺がんの有病率を性、年齢を調整したうえでロジスティック分析によりオッズ比を算出しています。同様に、内部被曝線量が考慮された WHO (世界保健機関) の被曝線量分析の結果に基づいて分類した 3 地域でもオッズ比を算出しています。

　結果は表 4.8 に示すように、甲状腺がんの有病率を地域別にみると、最も線量が高いグループ A では 10 万人あたり 48、グループ B では 10 万人あたり 36、最も低いグループ C では 10 万人あたり 41 でした。グループ C に比べた甲状腺がんを有することの性、年齢調整オッズ比はグループ A で 1.49 (95％信頼区間は 0.36 ～ 6.23)、グループ B で 1.00 (95％信頼区間は 0.67 ～ 1.50) であり、甲状腺がん有病率に地域差はみられませんでした。同様に、WHO の推計値に基づいた地域分類と甲状腺がん有病率との関連についても、有意な関連はみられませんでした (表 4.9)。

　また、福島第一原発事故から甲状腺検査までの期間と甲状腺がん有病率との関連を、全体および地域別に検討したところ、検査までの期間と甲状腺がん有病率との間には関連はみられませんでした。

　さらに、個人の外部被曝線量と甲状腺がん有病率との関連を検討した結果、外部被曝線量が 1 mSv 未満、1 mSv 以上 2 mSv 未満、2 mSv 以上における甲状腺がんの割合はそれぞれ 0.05％、0.04％、0.01％でした。外部被曝線量が 1 mSv 未満の人に対する、1 mSv 以上 2 mSv 未満、2 mSv 以上の人の甲状腺がんを有することの性、年齢調整オッズ比は、それぞれ 0.76 (95％信頼区間は 0.43 ～ 1.35)、0.24 (95％信頼区間は 0.03 ～ 1.74) であり、個人の外部被曝線量と甲状腺がん有病率との関連はみられませんでした。

　以上の結果から、大平らは「福島県における震災後 4 年間にわたる調査において、外部被曝線量と甲状腺がん有病率との関連はみられなかった。今後、追跡調査によってさらに検討する必要がある」と結論を述べています。

　これに対して津田らの論文 (Tsuda, T. *et al.*, Epidemiology, Vol.27, No.3, May (2016)) は、WHO (世界保健機関) の被曝線量分析の結果に基づいて福島県を 9 つの区域に分け (図 4.14)、それぞれの地域で甲状腺がんの 10 万人あたり

図4.14 津田らの福島第一原発事故に伴う放射線量の地域区分
出典：Tsuda, T. *et al.*, Epidemiology, Vol.27, No.3, May (2016) を一部改変

有病率を算出しています。ところが、この「有病率」は性、年齢調整を行っていません。先ほど、「疫学研究では、性と年齢は必ず交絡因子として取り扱うことが求められている」と書きましたが、津田らの論文はこれを行っていません。このように津田らの論文は、統計解析の上で重大な問題をかかえています。

　このことを頭におきながら、津田らの論文のデータを見てみましょう。津田らは「内的比較」と「外的比較」の２つを行っていますが、まず「内的比較」についてです。「内的比較」は、大平らが行ったように、放射線量が高かった地域と低かった地域で、甲状腺がんの有病率を比較したものです。ところが津田らはなぜか、放射線量が最も低い「会津区域」を対照にせず、「中通り南東区域」を対照にしてオッズ比を算出しています。菊池誠（大阪大）は「津田グループが甲状腺癌発見率の地域差を見るために最初は会津を基準にしていたことは講演記録で分かってます」（https://twitter.com/kikumaco/

status/840967000063066112）と指摘しています。津田らがいったいどのような
理由で対照とする区域を途中でかえてしまったのか、気になるところです。

　表4.10のオッズ比の95%信頼区間をご覧ください。すべて1.0をまたい
でいることが分かります（先に述べたように、オッズ比は、要因と疾患の間に関連がな
ければ1となり、要因への曝露が疾患の増加と関連があれば1より大きくなります。また、
95%信頼区間が1.0をまたいでいる場合は、要因と疾患の間には関連がない、ということに

表4.10　地域別の甲状腺がん有病率とオッズ比（内的比較）

区域と検査した年度	100万人当たり有病率 （95%信頼区間）	オッズ比 （95%信頼区間）
原発に最も近い地域（2011年度）	359（201-592）	1.5（0.63-4.0）
中間の地域（2012年度）	402（304-522）	1.7（0.81-4.1）
中通り北部区域	237（123-414）	1.0（0.40-2.7）
中通り中部区域	605（302-1082）	2.6（0.99-7.0）
郡山区域	462（299-683）	2.0（0.87-4.9）
中通り南西区域	486（210-957）	2.1（0.7-6.0）
最も汚染されていない区域（2013年度）	332（236-454）	―
いわき区域	451（282-682）	1.9（0.84-4.8）
中通り南東区域	236（95-486）	1（対照）
会津区域	305（146-561）	1.3（0.49-3.6）
浜通り北部区域	0（0-595）	0.00（0.0-2.6）

出典：Tsuda, T. *et al.*, Epidemiology, Vol.27, No.3, May（2016）を一部改変

表4.11　地域別の甲状腺がん有病率と罹患率比（外的比較）

区域と検査した年度	100万人当たり有病率 （95%信頼区間）	罹患率比 （95%信頼区間）
原発に最も近い地域（2011年度）	359（201-592）	30（17-49）
中間の地域（2012年度）	402（304-522）	33（25-43）
中通り北部区域	237（123-414）	20（10-35）
中通り中部区域	605（302-1082）	50（25-90）
郡山区域	462（299-683）	39（25-57）
中通り南西区域	486（210-957）	40（17-80）
最も汚染されていない区域（2013年度）	332（236-454）	28（20-38）
いわき区域	451（282-682）	38（24-57）
中通り南東区域	236（95-486）	20（7.9-41）
会津区域	305（146-561）	25（12-47）
浜通り北部区域	0（0-595）	0.00（0.0-50）

出典：Tsuda, T. *et al.*, Epidemiology, Vol.27, No.3, May（2016）を一部改変

なります）。解析上で大きな問題をかかえている津田らのデータですが、ここから言えることは「被曝線量と甲状腺がん有病率の間には関連は見られない」ということです。被曝線量と甲状腺がん発生の間に関連がある場合には、被曝線量が増加するにつれて甲状腺がんの相対危険が大きくなるという「線量反応関係」が見いだされなければなりません。ところが津田らの論文の「内的比較」の結果は、線量反応関係がないということを明確に示しています。

　なお、中通り中部地域のオッズ比の95％信頼区間の下限が0.99であることをもって、「ぎりぎり1に近いから有意だ」とする議論を散見しますが、このような議論は統計学的に成り立ちません。95％信頼区間が1.0をまたいでいる場合は「増えているとも減っているともいえない」のであって、「信頼区間がだいたい1から7.0までだから、増えている」と解釈するのは統計処理としてまったく適切でありません。信頼区間は確率的な性質を持つものであり、同様の影響を受けた他の区域のすべてが有意でないという結果になっているのに、この1つのケースだけが信頼区間の端に寄ったので有意な傾向があると判断するのは、統計学的に間違っています。

　津田らは次に、「外的比較」を行っています。表4.11の「罹患率比」は、津田らが分類した9つの地域の甲状腺がん有病率を、有病期間4年（福島第一原発事故から甲状腺がん発症までの最大期間3年10ヶ月から）で割って罹患率を算出し、これを日本全体の甲状腺がん罹患率と比較したものです。津田らはこの数字から、「福島県における甲状腺がん罹患率は全国の罹患率に比較すると超過（中通り中部だと50倍）であって、スクリーニング効果では説明できない」と述べています。

　これは、正しい解析方法を用いて得られた結果なのでしょうか。

津田らの「外的比較」は現実とかけ離れた仮定を前提にしている

　津田らの解析方法が正しいのかどうかを検討する前に、罹患率と有病率についてご説明します。図4.15をご覧ください。

ある人々の集団 (N) のある特定時点に、特定の疾患を持つ人が M 人いたとします。図 4.15 のフラスコの中のビーズが M にあたります。新たに患者が発生すると、フラスコにビーズが流れ込んでいくので、M は増加していきます。一方、フラスコの中の患者の疾病が治癒したり、あるいは患者が死亡すると、フラスコの中のビーズは減ります。

　フラスコの中のビーズ (M) の動向を観察している期間に、m 人で新たに疾病が発生して M に流入し、m' 人が治癒または死亡して M から流出したとします。もしフラスコ内が平衡状態にあれば、$m = m'$ が成り立ちます。

　図 4 でフラスコ内に流入する m を、観察期間 (例えば「年」) および集団の人口 (N) で割ったのが、罹患率 (incidence rate、I) です。罹患率は発生率ともいい、「ある疾患にかかる可能性 (リスク) のある人々の集団において、ある期間に発生する単位人口当たりの症例数」と定義されます。罹患率の定義で重要なことは、「新規」の患者を扱っていることです。つまり罹患率は、それまでにある疾患にかかっていなかった人が、それにかかるという出来事を測定する指標です。

　次に、図 4.15 でフラスコ内の人数 (M) を集団の人数 (N) で割ったのが、有病率 (prevalence、P) です。有病率は存在率ともいい、「ある特定時点に集

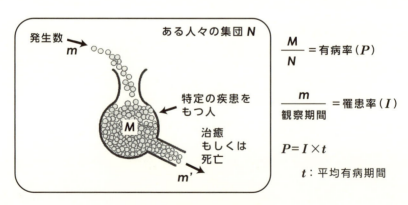

図4.15　罹患率と有病率の関係
出典：Leon Gordis「疫学—医学的研究と実践のサイエンス」
メディカルサイエンスインターナショナル (2010年) の図を改変

団に存在する対象疾患の罹患者の数を、その時点でその集団に属する人の総数で割った値」です。有病率の計算には罹患期間が異なる人々が混在しているので、有病率はリスクの指標にはなりません。リスクの大きさを測定しようと思えば、罹患率を測定する必要があります。

　集団 N においてある疾患の発生状態が安定している（$m = m'$）場合には、罹患率（I）と有病率（P）の間には次の関係が成り立ちます。

$P = I \times t$

　ここで、t は平均有病期間です。この式から、罹患率が高くても有病期間が短ければ有病率はそれほど高くならず、逆に低くても有病期間が長ければ有病率はそれなりの値になることがわかります（Leon Gordis「疫学──医学的研究と実践のサイエンス」メディカルサイエンスインターナショナル（2010年）；中村好一前掲書）。

　次に、福島県県民健康調査の検診で甲状腺がんが発見されることを、図4.15を使ってご説明します。

　図4.15のフラスコの中（M）は、「甲状腺がんが検診で発見される大きさになっているが、症状がでる大きさにはなっていない」という人の数を表します。また、フラスコに流入する m は、「甲状腺がんが大きくなってきて、検診で発見できる大きさになった」人の数です。一方、フラスコから流れ出る m' は「甲状腺がんがさらに大きくなって症状が出てきたので、検診をしなくても医師に受診して発見された」人の数を表します。

　では津田らの論文の「外的比較」は、どのように行われているのでしょうか。表4.11の中通り中部地域の数字を例にして説明します。

　津田らはまず、人口100万人の集団（$N = 100$万人）当たり、605人の甲状腺がんが見つかり（$M = 605$人）、有病期間 $t = 4$ 年（福島第一原発事故の発生から、甲状腺がんが検診で見つかるまで大きくなるまでの最長期間）で $P = I \times t$ が成り立つと仮定しています。ここから、罹患率は 0.00015（$605 \div 4 \div 100$万 $= 0.00015$）と計算しています。100万人当たりの罹患率は150になります。

　次に津田らは、$m = m'$（フラスコへの流入と流出が等しい）が成り立つと仮定しています。この仮定から、症状が出たので受診して見つかった m' の日本の全

国値と、福島県での検診での m を比較することが可能だとして、福島県（中通り中部地域）の 150 人（100 万人あたり）を日本全体の 3 人（同、国立がん研究センター）で割って罹患率比 50 を出し、これをもって「福島での甲状腺がん罹患率は全国の 50 倍」であると主張しているわけです。

　津田らの論文が Epidemiology 誌に掲載されると、福島県立医大の髙橋秀人らは直ちに、津田らの論文が「外的比較」で用いた方法論には重大な誤りがあり、津田らの仮定は成り立たないと指摘する論文（letter）を投稿して掲載されました。髙橋らの論文に沿って、どこに誤りがあるのかを見ていくことにします（Takahashi, H. *et al.*, Epidemiology, Vol.28, No.1, e5, Jan.（2017））。

　図 4.16 は甲状腺がんの経過を示すもので、左から右に向かって時間が経過していきます。この図を見ながら、津田らの罹患率の計算には重大な誤りがあり、実際とはかけ離れた過大な数値となっていることをご説明します。

　津田らの論文の「外的比較」が成り立つためには、①すべての甲状腺がんが、福島第一原発事故が起こった後に検診で発見できる大きさになった、②検診で発見された甲状腺がんはすべて、4 年間のうちにさらに大きくなって症状が出てくる、という 2 つの仮定が成り立っていなければなりません。これを図示したのが（a）です。先に述べたように甲状腺がんは、ほかの病気で亡くなった方の剖検で潜在がんが見つかることが多く、亡くなるまで何の症状も示さないがんが多いことが知られています。ところが図 4.16（a）は、こうした甲状腺がんの知見と矛盾しています。

　髙橋らは①について、福島第一原発事故が起きる前に、がん検診で発見できる大きさになった甲状腺がんが存在する可能性があること、②についても、甲状腺がんは成長が遅いため、4 年間では症状（声がかすれたり物を飲み込みづらかったりするなどの自覚症状がある、甲状腺の腫れが表面から分かる、など）が出るまで大きくならない可能性があること、を指摘しています。これを図に示したのが（b）です。

　ところが津田らは、こうした可能性についてまったく検討していません。①と②が成り立たないことは、結果に重大な影響を与えます。有病期間が実際は 4 年よりずっと長いのに、これを $t = 4$ 年だとして計算してしまうと、$m > m'$ になってしまいます。甲状腺がんはあるけれども何の症状も現れず、ほかの病気

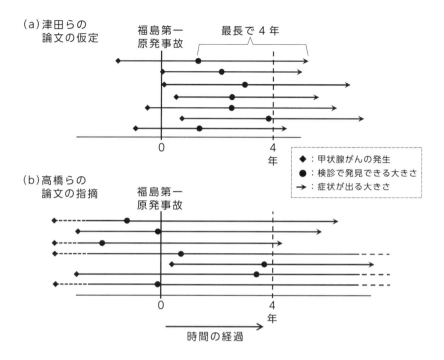

（a）津田らの
論文の仮定

福島第一
原発事故

最長で4年

0

4
年

◆：甲状腺がんの発生
●：検診で発見できる大きさ
→：症状が出る大きさ

（b）高橋らの
論文の指摘

福島第一
原発事故

0

4
年

時間の経過

図4.16　甲状腺がんの経過——津田らの「外的比較」の仮定はどこが間違っているのか

で亡くなる方がとても多いということは、罹患率が0.00015よりもかなり小さい
ことを意味します。津田らの論文は、福島第一原発事故の前にすでに発生して
いた甲状腺がんの存在を無視して、事故発生時点から有病期間 t が始まったと
決めつけて t を過小にとり、その結果 $I = P / t$ で求められる罹患率（人口当たり
の疾患発生のペース）を過大に評価するという大きな誤りを犯してしまっています。

　津田らの論文がEpidemiology誌に掲載されると、高橋らのほかにも6つ
のグループがただちに反論の論文（letter）を投稿して掲載されました。いずれ
の論文も、津田らの論文にはいくつもの重大な問題があり、そこから導かれる
結論は間違っていると指摘しています。

国連科学委員会、
「津田らの調査は重大な異議であるとは見なしていない」

　国連科学委員会『2013年報告書』は甲状腺がんについて、福島第一原発事故による甲状腺被曝線量の推定値はチェルノブイリ原発事故に比べて大幅に低いため、チェルノブイリ原発事故後に観察されたような多数の放射線誘発性の甲状腺がんは起こらないだろうと報告しました。国連科学委員会はこの報告書が刊行された後の知見の進展をふまえて、2015年と2016年に『白書』を刊行しています。

　『2015年白書』では甲状腺がんに関する10編の文献が審査され、「2013年報告書の仮定または知見に異議を唱えるものはなく、むしろ、これら知見の補強または補足に役立つものであった」と述べています。『2016年白書』では11編の査読付き学術論文とIAEA報告書のレビューが行われ、「1編（注：津田らの論文のこと）のみが2013年報告書の仮定または知見に異議を唱えていた。他の文献は、2013年報告書の知見を強化するか、補足した」と述べています。

　国連科学委員会は津田らの論文のレビューを行った結果、①観察された甲状腺がん発見率に対する、甲状腺の高感度超音波検診の影響を十分には考慮していない、②検診で検出された甲状腺がんの一部は、放射線被曝の前から存在していた可能性がある、③被曝線量と甲状腺がん有病率の間に線量反応関係の傾向はなんら認められなかった、④放射線被曝後1～2年以内に甲状腺がんの過剰発生があったと報告しているが、チェルノブイリ原発事故後の調査などで3～4年以内での過剰発生は見られていない、⑤福島県県民健康調査で発見された甲状腺がんは放射線被曝時に6～18歳の年齢層で発生しているが、他の調査では小児早期（5歳未満）に被曝した年齢層で甲状腺がんが最も多く発生している、⑥測定された甲状腺線量は低いため、報告された高い有病率とは整合しない、などの理由をあげて、「本委員会は、津田らによる調査が2013年報告書の知見に対する重大な異議であるとは見なしていない」と述べています。

　以上のことから、福島第一原発事故の時に0～18歳であった方々で見つかっている甲状腺がんは、チェルノブイリ原発事故後に見つかった「被曝影

響」による「多発」ではなく、検査技術の進歩に伴って被曝とは関係なく発生しているがんが見つかっている「多発見」である、と判断されます。

今後の甲状腺検査 ── どのようにしていけばいいのか

　これまでに述べたように甲状腺がんは、命を奪わないがんが大部分であり、特に若い人のがんは予後良好であるという特徴を持っており、過剰診断の発生が指摘されてきました。福島第一原発事故後、事故発生時に0〜18歳であった方々を対象にして、高感度の超音波検査装置を用いた悉皆検査が行われていますが、過剰診断をきちんと考慮した対応が求められています。前節でご紹介した「芽細胞発がん説」を提唱した大阪大の高野徹は、「甲状腺がんの発生と経過を芽細胞発がん説で考えるのか、それとも多段階発がん説で考えるのかで、福島県県民健康調査の今後の見込みは大きく変わってくる」と述べています (Takano, T., Endocr. J. EJ17-0026, Feb. 2 (2017))。図4.17、表4.12 (次ページ) を見ながら高野の主張をたどってみましょう。なお、以下の議論はほぼすべての子が検査を受け続けると仮定しています。

　発がんに関する従来の考え (高齢発症の多段階発がん説、図4.17のAの線) では、甲状腺がんは中年以降になって甲状腺濾胞細胞が悪性化して発生するとしています。この仮説によれば、1巡目の検査 (先行検査) で検出された甲状腺がんは極めて例外的ながんであって、未成年で発生していた小さながんを、精密検査を行ったためにスクリーニング効果で拾ったものという解釈になります。中年になるまでは新たな甲状腺がんの発生はないので、2巡目以降 (本格検査) で見つかる甲状腺がんの症例数は激減し、見つかったがんが手術で取り除かれれば、これらのがんが中年以降に致死的になって亡くなる人を減らすことができると予想されます。

　若年発症の多段階発がん説 (図4.17のBの線) によれば、1巡目の検査でそれなりの数の甲状腺がんが発見されます。甲状腺がんの有病率は年齢とともに増加していくので、2巡目の検査と3巡目の検査でも同じくらいの数の甲状

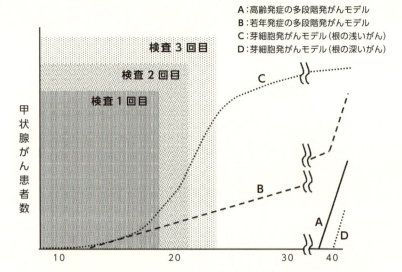

図4.17　甲状腺がん発生・経過の３つのモデルと甲状腺がん患者数の推移予測
出典：Takano, T., Endocr. J., EJ17-0026, Feb. 2 (2017) を一部改変

表4.12　甲状腺がん発生・経過の３つのモデルと甲状腺がん患者数の推移予測

発がんモデル	発見された甲状腺がん患者数			将来の死亡率
	第1回検査	第1回と第2回の比較	第2回と第3回の比較	
高齢発症の多段階発がん説	非常に小さい（ほぼゼロ）	第1回>>>第2回	第2回＝第3回	↓
若年発症の多段階発がん説	中程度	第1回>>第2回	第2回＝第3回	↓↓
芽細胞発がん説（成熟がん）	大きい	第1回>第2回	第2回<第3回	→

出典：Takano, T., Endocr. J., EJ17-0026, Feb. 2 (2017) を一部改変

腺がんが見つかるはずです。見つかったがんを外科的に取り除けば、何十年か後にがんで亡くなることを防ぐことができます。

　芽細胞発がん説の予想は、これら２つとはまったく異なります（図4.17のＣの線）。１巡目の検査で多数の甲状腺がんが見つかります。見つかったがんはすべて根の浅いがんで、ほとんどが将来、微小甲状腺がんになると考えられます。若い人の甲状腺がんは成長が速く、年齢が上がっていくにしたがって超音波検査で

検出可能な大きさに成長していくので、2巡目の検査でも多数の甲状腺がんが発見されます。甲状腺がんの罹患率は15歳から30歳にかけて急激に上昇していくので、3巡目の検査ではもっと多くの甲状腺がんが見つかると考えられます。

　これらのがんは根の浅いがんで、増殖能には限りがあって中年期になると成長を止めてしまい、命を奪うことはないので、甲状腺がんを取り除いても死亡率は下がりません。高野は芽細胞発がん説に基づくならば、福島県県民健康調査により多くの過剰診断と過剰診療が起こってしまうと予想され、検診の縮小か手術症例の大幅な絞り込みが必要だと指摘しています。

　福島県県民健康調査の甲状腺検査の結果を見ると、Ａはただちに否定できます。それでは、ＢとＣのいずれの経過をたどるのでしょうか。今後の推移を慎重に見ていって、ＢとＣのどちらが正しいのかを見極めるべきなのでしょうか。決してそうではないと思います。大事なのは、福島の子どもたちの健康を守るために、何が最善の対策なのかを判断することだと思います。

　前節で述べたように、甲状腺がんの手術などの治療にはさまざまなリスクがあり、いずれも子どもたちがこれから生きていく長い時間において、深刻な問題を及ぼしかねないものです。これまでのさまざまな知見から、福島で見つかっている甲状腺がんは、放射線被曝による「多発」ではなくて、高感度の悉皆検査に伴う「多発見」であることがわかってきています。しかし、甲状腺がんは命を奪わないがんが大部分であり、特に若い人のがんは予後良好であるとはいえ、わが子の身体にがんがあるとわかったら、経過観察を続ければ大丈夫だという判断を“冷静に”することができるでしょうか。実際には、これまでにそうだったように、多くの方々は手術を選択することになると思いますし、それが親心だということもよく理解できます。一方、手術にはリスクがあるということだけでなく、子どもたちは「自分はがん患者である」という思いを、心にずっと持ちながら生きていかなくてはいけません。それがどれほど重いものであるかは、想像に難くありません。

　「検診の縮小か手術症例の大幅な絞り込みが必要だ」という高野の主張には傾聴すべきものがあります。このような見解も一概に排除せず、調査の今後のあり方を議論することが望ましい、と考えます。　　　　　　　（児玉一八）

甲状腺がんの
遺伝子変異について

　甲状腺がんの細胞では、特徴のある遺伝子変異がしばしば見つかります。甲状腺がんの約90%をしめる乳頭がんでは、RET/PTC再構成とBRAF点突然変異という2種類の遺伝子変異が特徴的に見られます。チェルノブイリ事故後と福島で見つかった甲状腺がんの遺伝子変異を調べたところ、両者でまったく違った傾向があることがわかりました。

　はじめに、RET/PTC再構成とBRAF点突然変異についてご説明しましょう。

　細胞ががん化する際には、正常な遺伝子に突然変異や融合などがおこって異常な遺伝子に変化し、変化した遺伝子ががん化の指令を発すると考えられています。このがん化の原因となる変化後の遺伝子を「がん遺伝子(oncogene)」、もとの正常な遺伝子を「がん原遺伝子(proto-oncogene)」といいます。

　がん原遺伝子ががん遺伝子に変化すると、遺伝子の塩基配列をふまえてつくられるタンパク質が、つくられなければならない時につくられなくなったり、逆につくられてはいけない時につくられる、あるいはつくられるべき量から外れた多すぎる・少なすぎる量になってしまう、といったことが起こってしまいます。

　甲状腺がん細胞でしばしば遺伝子変異が見つかるRETとBRAF遺伝子がつくるタンパク質は、いずれもキナーゼ(タンパク質の中のチロシンやセリン、スレオニンというアミノ酸のリン酸化を触媒する酵素)と呼ばれるものです。キナーゼは細胞内のシグナル伝達でたいへん重要な役割をはたしていて、細胞のがん化とも深くかかわっています。

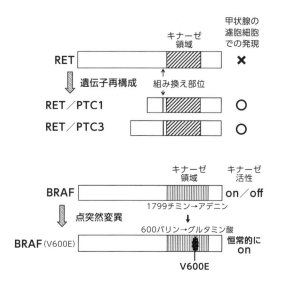

RET と BRAF では、がん遺伝子になる際の変異の起こり方が違っています（図4.18）。

正常な甲状腺濾胞細胞では、RET 遺伝子はほとんど発現していません（RET タンパク質がつくられていない、ということ）。DNA 二重鎖切断後の間違った修復などで染色

図4.18 甲状腺がん細胞で見られる遺伝子変異。
上は RET 遺伝子の再構成、下は BRAF 遺伝子の点突然変異

体異常が起こると、RET 遺伝子が近くにある別な遺伝子（パートナー遺伝子）と結合して、キメラ遺伝子をつくる（RET/PTC 再構成）ことがあります。すると RET 遺伝子の発現制御が、もともとの RET 遺伝子のプロモーター（DNA の情報を RNA に転写する反応を制御するための、遺伝子の上流にある配列）ではなくて、パートナー遺伝子のプロモーターが行うようになってしまい、つくられないはずの濾胞細胞で RET タンパク質がつくられるようになってしまいます。RET タンパク質自身も変異しているため、キナーゼが恒常的に活性化した状態になってしまい、これががん化への引き金を引くことになります。

　次は BRAF の遺伝子変異についてです。BRAF タンパク質は自分自身のキナーゼ活性により、不活性型のタンパク質をリン酸化して活性型にかえて、これが引き金となってその下流の細胞内シグナル伝達経路が活性化され、細胞増殖の変化などを引き起こします。BRAF が正常な場合、細胞外の刺激によって BRAF のキナーゼ活性は on ／ off の制御がされています。ところが BRAF が遺伝子変異を起こしてしまうと、その活性が常に on になっていま

す。これによって下流の細胞内シグナル伝達経路が恒常的に活性化されて、がん化への引き金が引かれてしまいます。

甲状腺乳頭がんで見られる BRAF 遺伝子変異のほぼ全てが、キナーゼ領域のコドン 600（N 末端側から数えて 600 番目のアミノ酸を指定する 3 つの DNA 塩基）でのチミンからアデニンへの DNA の塩基置換（点突然変異）です。これによってアミノ酸のバリンがグルタミン酸に置き換わってしまい、キナーゼ活性の on ／ off の制御ができなくなって恒常的に on になってしまいます。

BRAF 遺伝子の変異はコドン 600 だけで起こるわけではなくて、長い DNA の鎖の中のあちこちでおこっているはずです。それらの中で、コドン 600 以外のアミノ酸が置換しても、ほとんどの場合に BRAF はがん遺伝子になりません。正常な BRAF の 600 番目のアミノ酸はバリンですが、コドンの 3 番目が変化してもバリンのままで変わりません。さらに、コドン 600 の 1 番目の G がそれ以外（A、C、T）に変わっても、あるいは 2 番目の T が G や C に変わってもがん遺伝子には変化しません。コドン 600 の 2 番目、つまり BRAF 遺伝子の上流から 1,799 番目の T が A に変わり、それによってアミノ酸がバリンからグルタミン酸に置き換わった時に BRAF をがん遺伝子（BRAF^{V600E}）に変えてしまうのです。

光武範吏ら福島県立医大と長崎大のグループは、福島県県民健康調査の先行調査で甲状腺がんが見つかって手術を行った、福島第一原発事故時に年齢が 0 ～ 18 歳であった方々 68 人について、切除した組織の遺伝子の配列を調べました（Mitsutake, N. *et al.*, Scientific Report 5, Article number：16976（2015））。

68 例を病理組織学的に分類すると、通常型の甲状腺乳頭がんが 61 例、濾胞型乳頭がん（もともと予後がよい通常型と比較して、甲状腺外進展、リンパ節転移の頻度が低く、予後が良好）が 2 例、篩型乳頭がん（通常は予後良好。一部の症例で低分化がんへの進展が報告されている）が 4 例、低分化がん（分化がんに比べると予後はやや不良）が 1 例でした（表 4.13 左）。

DNA の塩基配列を調べたところ、68 例中の 54 例でこれまでに知られている遺伝子変異が見つかりました（表 4.13 右）。BRAF^{V600E} 点突然変異が最も多く、

表4.13　福島県県民健康調査の先行検査で見つかった
甲状腺がん68例の病理組織学的分類と遺伝子変異

通常型乳頭がん	61例	BRAF^{V600E}	43 (63.2%)
濾胞型乳頭がん	2例	RET/PTC1	6 (8.8%)
篩型乳頭がん	4例	RET/PTC3	1 (1.5%)
低分化がん	1例	ETV6 (exon4) /NTRK3	4 (5.9%)

出典：Mitsutake, N. *et al.*, Scientific Report 5, Article number：16976 (2015) を一部改変

43 例（63.2%）で見つかりました。遺伝子再構成は 11 例（16.2%）で、RET/PTC1 が 6 例、RET/PTC3 が 1 例、ETV6（エキソン 4）/NTRK3 が 4 例見つかりました。

　福島で見つかった甲状腺がんの遺伝子変異をまとめると、① BRAF^{V600E} 点突然変異が際立って多い、② RET/PTC 再構成は全体の約 1 割にすぎず、1 例の RET/PTC3 を除いて他はすべて RET/PTC1 であった、ということになります。

　チェルノブイリ原発事故後にウクライナで見つかった甲状腺がんの遺伝子変異を調べた研究では、BRAF の点突然変異は 15 歳以下では 15 例中 0 例（0%）、16 歳以上では 33 例中 8 例（24%）で見つかりました（Kumagai, T. *et al.*, J. Clin. Endocrinol. Metab., Vol.89, No.9, pp.4280-4284 (2004））。ウクライナの子どもの甲状腺がんの遺伝子変異についての別の研究では、BRAF^{V600E} の点突然変異は 34 例中 4 例（12%）、RET/PTC 再構成は 34 例中 14 例（41%）で見つかりました。RET/PTC の内訳は RET/PTC1 が 5 例（15%）、RET/PTC3 が 9 例（26%）でした（Lima, J. *et al.*, J. Clin. Endocrinol. Metab., Vol.89, No.9, pp.4267-4271 (2004））。チェルノブイリ原発事故で被曝した 10 歳以下の甲状腺乳頭がん症例を分析した研究では、RET/PTC 再構成が 26 例中 15 例（58%）、BRAF の点突然変異が 26 例中 3 例（12%）で見つかりました。この研究では、同じような年齢構成の散発型甲状腺がんの遺伝子変異も調べており、RET/PTC 再構成は 27 例中 7 例（26%）、BRAF 点突然変異が 27 例中

7例（26%）でした（Ricarte-Fiho, J. C. *et al.*, J. Clin. Invest., Vol.123, pp.4935–4944 (2013)）。

　福島とウクライナの子どもたちの甲状腺がんの遺伝子変異を調べた結果の比較から、光武らは「福島での甲状腺がんの様式がチェルノブイリと異なっていることを示唆する」と述べています。

　チェルノブイリ事故後に見つかった子どもの甲状腺がんの遺伝子変異と、放射性ヨウ素による甲状腺被曝線量の関係についての研究によると、RET/PTCなどの遺伝子再構成が見つかった群は被曝線量が高く、BRAFなどの点突然変異が見つかった群は被曝線量が低いという有意な違いが見つかりました（Leeman-Neill, R. J. *et al.*, Cancer, Vol.120, pp.799–807 (2014)）。また原爆被爆者の方々の甲状腺がんの遺伝子変異についての研究では、①被曝線量が低い場合（線量の中央値11.8mGy、$n = 17$）はBRAF点突然変異が82％、RET/PTC再構成は6％、②中程度の線量（同205.2mGy、$n = 17$）だとBRAFが71％、RET/PTCが12％、被曝線量が多い場合（同1011.5mGy、$n = 16$）だとBRAFが13％、RET/PTCが50％となり、BRAF点変異は被曝線量が少ないほど多く、逆にRET/PTC再構成は被曝線量が多いほど多いという関係が認められました。この研究で、BRAF点突然変異があった28例の被曝線量の中央値は69mGy、RET/PTC再構成があった11例の中央値は960mGyでした（Hamatani, K. *et al.*, Cancer Res., Vol.68, pp.7176–7182 (2008)）。

　チェルノブイリ原発事故後と原爆被爆者の方々についてのこれら2つの研究は、甲状腺がんでの点突然変異が負の線量反応関係を示すという共通した結果を示しており、チェルノブイリ原発事故に比べて福島第一原発事故後の子どもたちの被曝量が低かったこと、福島での遺伝子変異はBRAF点突然変異が多くRET/PTC再構成は少なかったことと整合しています。

　これらのことから、光武らは「福島で見つかっている甲状腺がんは、放射線被曝によるものではないと考えられる。通常はもっと高い年齢で見つかる甲状腺がんが、高感度な超音波検査を行ったため若い人で見つかったのではないか」と述べています。

なお、日本で散発性の小児甲状腺がんの遺伝子変異を調べた研究で、Motomura らは 9 ～ 14 歳の子どもで RET/PTC 再構成が 10 例中 3 例（30%）で見つかり（Motomura, T. *et al.*, Thyroid, Vol.8, pp.485–489（1998））、Nakazawa らは 20 歳未満で RET/PTC が 31 例中 13 例（42%）で見つかった（Nakazawa, T. *et al.*, Cancer, Vol.104, pp.943–951（2005））と報告しており、福島での結果（遺伝子再構成が 68 例中 11 例、16.2%）より高くなっています。また、甲状腺乳頭がんで RET/PTC が見つかる頻度は、地理的に大きく異なっている（2.5%から 85%）という報告もあります（Nakazawa, T. *et al.*, 前掲書）。

　甲状腺がんの遺伝子変異に関する論文は、ほとんどが 21 世紀に入ってから刊行されたもので、遺伝子配列を読み取る技術の進展も相まって分析の症例数も最近になって増えてきています。福島で見つかった子どもたちの甲状腺がんは、健康で何の症状もない方々を大量にスクリーニングすることで見つかったので、これまでの研究の対象となった方々とは全く異なっています。このことに充分に留意しながら、遺伝子変異についてのデータは蓄積されていく途上にあるということも心に留めていく必要があると思います。

　放射線感受性のことを、最後に少し述べます。

　細胞が放射線を浴びると DNA に傷がつきます（DNA 損傷といいます）。DNA 損傷は放射線だけでなく、むしろ細胞が生命活動をするなかで発生する活性酸素によって大量に起こっています。1 つの細胞で 1 日におこる DNA 損傷は塩基損傷が約 2 万、1 本鎖切断が約 5 万、2 本鎖切断が 10 ほどだと言われています。これが約 37 兆個といわれる全身の細胞のすべてでおこっているわけですから、天文学的な数字になりますね。

　ところがこうした DNA 損傷は、私たち生き物が生まれつき持っている DNA 修復系がすぐに治してしまうので、傷はほとんど残りません。修復しきれなかった DNA の傷が残っても、必ずがんになるわけではありません。DNA 損傷を修復しきれなかった細胞は、細胞分裂が正常にできなくなるために増殖しにくく、DNA に深刻な損傷が残ったままの細胞は、アポトーシス（計画的な細胞死）を自ら起こして死んでしまい、取り除かれていきます。

このように大事な仕事をしているDNA修復系ですが、傷を治す能力がわずかに低下している人がいることが分かってきています。つまり、放射線感受性にわずかながら個人差があるということです。放射線感受性の個人差の遺伝的要因として、DNA修復系の遺伝子の変異や一塩基多型（DNAの塩基配列に書かれている遺伝情報はすべての人で同じではなく、個人個人で違っている部分があります。これを遺伝子多型といい、1塩基の違いを一塩基多型（SNP：single nucleotide polymorphism）といいます）が有力な候補と考えられています。しかし、放射線感受性の個人差については不明な点が多いのが現状です。

そのため、福島の子どもたちで放射線感受性が少しだけ高い子がいて、その子のヨウ素摂取量がたまたま不足していて、他の子より甲状腺に放射性ヨウ素が溜まりやすくて……、といったことで甲状腺がんが発症した可能性を、まったくゼロであると言い切ることはできないと思います。ただこのようなケースを統計学的に明らかにするのは、おそらく不可能でしょう。

甲状腺がんの病因について明らかにすることには、こういった問題も含まれているということも知っておいてほしいと思います。

最後に、ある方から最近教えていただいたことをご紹介します。

「福島で放射線によって甲状腺がんが増えたかといえば、それは考えづらい。しかし、がんと診断された子どもたちが百人以上いるなかで、『これは原発事故のせいじゃない』と言っているだけでは、その子やおかあさん、おとうさんを突き放すことになってしまわないか心配だ。この甲状腺がんが『放射線のせい』ではなくても、『原発事故のせいで見つかった』ことには変わりはないはずだ」

私は、今いちばん必要なことは、甲状腺にがんが見つかってしまった子どもたちが、お金などの心配をすることなく必要な医療をずっと受け続けられることであり、しあわせに生きていくためのケアが受けられることだと思っています。子どもたちやおかあさん、おとうさんたちを置き去りにしたまま、甲状腺がんの原因論争にあけくれることなどでは決してないと考えます。

（児玉一八）

福島という思想
── 災後の歴史を編む科学者の責任 ──

相馬中央病院　非常勤医師／東京慈恵会医科大学　臨床検査　　越 智 小 枝

　どのような断面で切ってもあきれるほど深い議論が生まれる。震災以降の福島に暮らしたことのある人であれば、そんな福島の「色鮮やかさ」を一度は経験したことがあると思います。私自身の専門である公衆衛生もその例外ではありません[1]。しかしその鮮やかさの源が福島の災害の特殊性ではなく、むしろその一般性と応用可能性にある、という事実はあまり認識されていない気がします。

　たとえば小さな例ですが、「筋痛性脳脊髄炎」という稀な疾患があります。これまで「慢性疲労症候群」と呼ばれてきた疾患で、長い間精神的疾患、あるいは存在しない疾患とさえ言われてきました。近年医学的知見の蓄積により神経性あるいは免疫性の疾患と認識されるようになってきましたが、日本ではこの認識が遅れているようです。

　理由は様々ありますが、一つにはこの疾患を最初に「疲労による疾患」と定めた専門家や政府が、過去の判断を「過ち」と責められるのでは、と恐れていることがあります。また、新たな診断基準により今まで補償を受けていた一部の患者が補償の対象から外される可能性があり、患者側からも根強い反対を生む原因となっています。科学の進歩が無用な被害者を生んでしまう──どこかで見たような構図ではないでしょうか。

　そのように考えれば、筋痛性脳脊髄炎と福島の問題は、知識の上では全く異なる問題でありながら多くの知恵を共有できることがわかります。震災の後の福島で私たちが学んだことは、「科学的根拠」を錦の御旗と掲げ相手を

論破することは有害無益である、ということでした。不確定性の中で取られた過去の最善策を責めることなく、いかに議論を前へ進めるのか。「エビデンス」の強要による被害者をいかに減らすのか。その上で、将来的にはいかに科学に基づいた政策を立てられるのか。科学的であると同時に「人の幸福」という大局を見失わない、バランスのとれた議論が必要とされています。

　本質的に同じことが、ワクチンや築地移転問題、パンデミック問題など、世の中に溢れる様々な社会問題についても言えます。つまりその一般性に着目すれば、福島は、様々な社会問題にかかわる多くの人に学びをあたえられる可能性を秘めているのです。

　「福島を知らないことで損をするのは、福島ではなく日本である」

　私は、それこそが今の福島から発信すべき大切なメッセージだと考えています。

　いうなれば、福島に学ぶということは、国そのもののシステムエラーを学び、解決するための大きな機会です。自分の専門領域を、実感から離れることなく社会全体へ広げていくこと。吉本隆明はこれを「自己意識の社会化」と呼びました[2]が、これこそが正に福島の学びの本質である、と私は思います。

　人は何のために科学を求めるのでしょうか。何のために避難計画を立て、放射能を測り、スクリーニングをし、調査し、リスコミを行うのでしょうか。それは全て、人々が幸せに暮らす為です。しかし、その目的を見失った科学主義、思想を持たないイデオロギーが、今もあらゆる場所で人々を無用に傷つけています。彼らの議論は良くも悪くもシンプルで拡散しやすく、正義感に燃えています。その括弧つきの「正義」が、社会へのフラストレーションを持った人々に、弱者を攻撃するための武器を容易に与えてしまうのです。

　「地獄への道は善意で敷き詰められている」。この言葉の通り、善意や正義は甘くて腐食性の強い毒です。このような毒に対抗するためには、根を同じくする問題に取り組む人々が専門性を超えて力を合わせる必要があるのではないでしょうか。

しかし残念ながら「意識の社会化現象」は未だなされず、災害は忘れられつつあります。その責任の一端は、1つの話題が出ると一斉にそこへ群がり「安全か危険か」といった二項対立の議論ばかりを行うゴシップ記者的な「専門家」たちにある、と私は思います。議論が膠着するとすぐに飽き、相手を罵倒して去っていくような人々——そこにある恐ろしいほどの思想の欠如が、福島の普遍化を阻んでいるのです。

「思想は実生活から生まれるが、実生活を離脱しなければ本当の思想とは言えない」

小林秀雄はある出来事の表層ばかりを追う人々へ辛辣な言葉を残しています。

「深刻な経験をした人は、経験を買い被るね。買い被って馬鹿になる人が多いのではないかね。したがって文学を甘く見るんだな。経験の方が激しいから、それに頼りすぎるんだね。」[3]

彼は、経験ばかりで書かれた書物は一度読むのは面白いが二度は読めない、といいます。

「人生は二度読めない、二度読めるのは思想だ」

これは戦争体験への痛烈な批判ですが、災害についても同じことが言えるのではないでしょうか。福島の風化の責任は、忘れていく人々にはありません。むしろ福島が何度も読み返したい書物であることを発信できず、「すごいこと」「特殊なこと」ばかりを頼みにする専門家やジャーナリストこそが責を負うべきではないかと考えています。

福島の原発事故がどのような歴史として記されるのか。それは災後の歴史を編む私たちにかかっています。学者が感傷やイデオロギーに惑わされず専門家として福島と向き合い、思想を深めること。その結果生まれた概念としての「フクシマ」が魅力を放つとき、はじめて福島は「正の遺産」となるのかもしれません。

風評被害と烙印から風化、そして無関心へ。今の社会の福島への態度は、

そのまま学者の精神を映す鏡です。その反省をもって、これからも多くの方と共に福島という「学問」に挑んでいきたいと思っています。

参考文献

1　http://ieei.or.jp/author/ochi-sae/
2　吉本隆明・茂木健一郎.「すべてを引き受ける」という思想. P.110. (2012) 光文社
3　小林秀雄・三好達治. 文学と人生. 小林秀雄対談集：直感を磨くもの p.175 .(2016) 新潮文庫

「わかってからでは遅い」のか

　かなり前のことですが、2013 年 10 月 17 日の福島民報に次のような記事が掲載されました。

> 　国際がん研究機関（IARC、本部・フランス）の環境と放射線部門部長でドイツ人の医師ヨアキム・シュッツ氏による講演会は 16 日、福島市の県医師会館で開かれ、放射線と甲状腺がんとの因果関係などについて語った。シュッツ氏は放射線と甲状腺がんとの関係について「放射線ががんのリスク要因であることは確立されている」と述べた。一方で「（東京電力福島第一原発）事故後 2 年半の現在、事故と関連したがんのリスクを測定するには時期尚早」とした。

この記事を引用して、「わかってからでは遅すぎるだろう」という声がブログやツイッターで散見されたことを記憶しています。たしかに、重大な病気が見つかった時に、人は、「もっと前々からわかっていればよかったのに」という嘆きを漏らすことがしばしばあります。職場の定期健康診断をうっかり受けなかったために初期の胃がんが発見できず、重大な事態に陥ってしまったなどという事例は、身近に耳にした人もいるでしょう。その場合は、まさしく「わかった時には遅すぎた」のであって、私たちはそうならないための手立てを必要とすることはまちがいありません。

　しかし、統計学的な観点からは、「いつまでもわからないのは、むしろよいことだ」という状況がありうることを提起しておこうと思います。まず、何かの傾向が存在しているかどうかを確認するために使われる統計的検定の考え方を、わかりやすい例で説明します。

「数」と統計的な有意さについて

　人間の出生数は、女児 100 に対して男児が 105 という比率をほぼ保っていることが、昔から知られています。動物の多くで雌雄の比がほぼ 1：1 になることは、進化の理論からも説明される普遍的な現象ですが、統計上はプラスマイナス 2.5% というわずかなずれが存在するのです。これは、男の子のほうが女の子よりも死亡率が高いという傾向をバランスさせるために、このような性比になっているという説明がされています [1]。

　仮に、このデータを確かめようと思って、児童数が 400 人の小学校で男女の数を調べたとすると、期待値は男児 205 人、女児 195 人ということになります。そこで実測値も 205 人と 195 人になったとしましょう。この数字を見て、「やっぱり、男の子はこれだけ多く生まれるんだ！」と、調査を行った人は喜びそうですね。

　ところが、実は男女比はぴったり半々であって、これまでの統計データは間違っていたのだという説を唱える人がここに現れたとします。今回の実測デー

夕をもとにこの人の主張を否定できるでしょうか？　実はできないのです。

　いちおう、この人の新説が正しいとしましょう。つまり、生まれてくる赤ちゃんは男の子と女の子が完全に等しい国から親の元にやってくるとします。いわば仮想的な母集団を想定するわけです。等しいといっても、どの子が選ばれて生まれてくるかは運まかせだから、場合によっては女の子が多いかもしれないし、そうでないかも知れない。確率が2分の1というだけのことです。

　その国から400人の赤ちゃんにお出ましをいただきましょう。すると男の子の数は、200人より多いことも少ないこともあるので、図1の左の200人を中心としたベル型曲線のような分布を見せます。この分布はよく知られた正規分布を使って計算できて、左右を向いた矢印の範囲に、90%の確率で男児の数が入ることになります。一方、縦の点線は男児が女児の1.05倍となる人数を表しています（この計算のやり方に関心のある方は、筆者がネットに公開している統計学のテキストを参照してください[2]）。

　これは次のように解釈されます。「もともと確率的には男女同数で生まれるはずであっても、実際に生まれてくる男の子の数はばらけてプラスマイナス約20人弱の範囲に大半が入る分布になり、その範囲内に男の子が女の子よりも5%多い状態も含まれる。」つまり、数えてみて男の子がその程度多いという結果になったとしても、本質的にその傾向が存在するとは判断できないということです。

　次に、全体の人数を100倍に増やし、全部で4万人の集団で同じように進めてみます。その結果を図4.19の右側に示しました。これを見ると、男女比が1：1の母集団から得られる男の子の数の分布の山よりもずっと右側に、男の子が1.05倍となっているラインが来ています。どういうことかというと、もしも実測してみてこれだけ男の子の数が多いというデータが得られたら、これは単なる偶然ではなく、偏りを生む何らかの傾向が存在していることを強く示唆しているのです。このような判定の仕方を、統計的検定といいます。

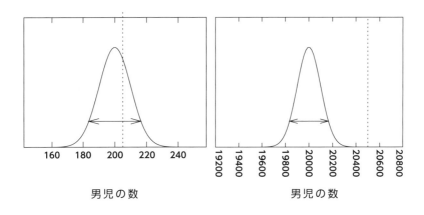

図4.19　曲線：男女同数の母集団から400人（左）、40000人（右）を抽出した時の男児の数の分布、点線：男児が女児の1.05倍となる位置

数が多くならないと弱い傾向は明らかにならない

　上に述べたことを簡単に要約すると、ある状態からのずれの存在を統計的に検証する時には、小さなずれに対してはたくさんのデータが必要であるということです。議論では省略しましたが、ずれの幅が１／２になると必要なデータ数は４倍になります。つまり必要なデータの数は、ずれの二乗に反比例するのです。

　健康への放射線の影響を考える時、線量が大きければ確定的影響が、弱い時には確率的影響が問題になるというのは、放射線防護の基本です。確率的影響は、放射線が染色体上の遺伝子を変異させ、結果としてがんの発生となってあらわれるわけですが、許容限度一杯の放射線を浴びてもがんの発生率が目立って増えるわけではありません。

　放射線の照射によって染色体異常がどのように増えるかを検証した実験としては、米国のラッセルらによるものが有名です。彼らは、マウスの精原細胞に放射線を照射して引き起こされる、目や体毛の色などの形質の変化から、突然変異の発生率が放射線によって有意に増加することを示しました。この実験で低線量とされたケースでは、１時間あたり0.6 〜 480ミリグレイ、総

線量約９グレイ（１グレイ≒１シーベルト）のガンマ線を照射して、検出された突然変異の発生率はマウス 10 万匹について数個というものでした[3]。この場合、正規分布とはちがってポアソン分布という分布を適用することになるので扱いが若干ことなるのですが、多数のデータを集積しないと、効果を見積もることはできないことは理解できるでしょう。実際、ラッセルらの実験では、700 万匹におよぶマウスを使い、30 年の年月と巨費を費やしています。

　マウスとヒトとは放射線に対する感受性が異なると考えるべきであり、生体の何に対する影響に注目するかなど、ラッセルらの実験はそのまま利用できるものではありません。が、結果は目安として重要なものですし、さらにここでは「数」の効果を考えるよい事例となっています。

　放射線被曝の確率的影響を検証しようとすると、以上のような困難は避けて通れない問題です。が、そもそも困難である最大の理由は確率がきわめて小さいからであり、目に見えるような変化があらわれてこないことなのです。そして確率が低ければ低いほど、後になってしか有意な結論は出てこないのです。もしも影響がないのであれば「わからない」という暫定的な結論が永久に続くことになるでしょう。「何年もたっているがわからない」ということは、むしろ歓迎されることなのです。

　なお低線量領域での LNT 仮説に関する最近の批判的な研究[4]、あるいはホルミシス効果など、さらに低線量の被曝の影響についても、なかなか意見が一致しない問題があり、早期に論争の決着がつくとは思えません。しかし、なかなか決着がつかないという事実をして「わかってからでは遅すぎる」と焦りに駆られる必要はないということは、上に述べたことから納得できることと思います。

　最後に、冒頭で引用した記事の件について、その後の状況に触れておきます。2013 年に提出された国連科学委員会の報告書では、測定件数が少ないために内部被曝量について直接的な推定ではなく、間接的な推定がなされていますが、2016 年の報告書において、その推定値は減少するであろうと述

べられています。また、甲状腺がんの発生が事故のあと有意に増加している
という研究者の主張[5]は退けられています[6,7]。科学的な結論はもとより絶対
的なものではありませんが、データが蓄積されることによって、より確からし
い推測が、それも希望のもてる推測がなされていることは、国民のひとりとし
て知っておきたいことです。

参考文献

1 Charles Darwin, "The Descent of Man, and Selection in Relation to Sex", John Murray,
1871
チャールズ・ダーウィン, 長谷川眞理子訳「人間の進化と性淘汰 II」第 8 章, pp.48-49,
文一総合出版, 2000

2 小波秀雄,『統計学入門』, http://ruby.kyoto-wu.ac.jp/konami/Text/, 2013-2017

3 田中司朗, 角山雄一, 中島裕夫, 坂東昌子,『放射線必須データ 32：被ばく影響の根拠』
pp.20-24, 創元社, 2016

4 Yuichiro Manabe, Masako Bando "Comparison of data on Mutation Frequencies of
Mice Caused by Radiation ' Low Dose Model ' ", https://arxiv.org/abs/1205.3261
[physics.bio-ph], 2013

5 Tsuda, T., A. Tokinobu, E. Yamamoto *et al.* "Thyroid cancer detection by ultrasound
among residents ages 18 years and younger in Fukushima, Japan: 2011 to 2014.",
Epidemiology 27(3)：316-322 (2016).

6 UNSCEAR, " Levels and effects of radiation exposure due to the nuclear accident
after the 2011 great east-Japan earthquake and tsunami",　United Nations, 2013

7 UNSCEAR, "Developments since the 2013 UNSCEAR Report on the Levels and
Effects of Radiation Exposure Due to the Nuclear Accident Following the Great East-
Japan Earthquake and Tsunami", United Nations, 2016

第 5 章

事故現場の
いまとこれから

開沼 博

2018年現在の
福島問題の構造

最終審級としての「現場」

　3・11後の福島と差別の問題を考える上で、福島第一原発の事故現場とその廃炉について考え、理解をすることは欠かせません。

　「最終審級」という言葉があります。ちょっと難しい言葉ですが、「最終的に物事の価値を判断する基準のこと」ととらえてもらえればいいです。

　例えば、司法なら、最終審級として最高裁判所という場が用意されています。「色々な議論はあれども、結局、最高裁判所で決まったことが結論だ」という制度を私たちの多くは受け入れている。別な例をあげるなら「結局、なんだかんだ言っても世の中カネだ。カネが社会を動かしているんだ」というような物言いがありますが、これは世の中の最終審級が「カネ＝経済的価値」だということを主張する言葉なわけです。

　3・11後の福島と差別の問題について、これまで科学的には多くの事実と解決策が分かってきて、甲状腺がんの問題などごく一部に残る不透明・不確実だとされてきたことについても少しずつ現状が詳らかになってきました。3・11直後はほぼ完全なブラックボックスだったハコの中身は、いまや大方のことについて明確に状況が把握可能になりつつあります。

　ところが、いくら状況が改善していってもデマや差別的言辞はなくなりそうにありません。その背景にはいくつもの要因があり、本書の他の著者の方々が様々に指摘していることです。ただ、それらの要因が仮にクリアできたとしても残るであろう問題があります。それは、福島第一原発の事故現場が抱える問題です。

　7年近くたち、福島の状況が改善しデマや差別的言辞は全く的外れだ。避難指示解除なり、一次産業の再生なり、コミュニティづくりなり細かい問題は

常に、既に前進している──。そうやって事実を示しながら状況の改善を提示しても、すべてを覆す魔法の言葉がある。それは、「結局、まだ福島第一原発の問題は終わってない」「どうせ、廃炉はうまくいかないんだろ」という物言いです。「福島第一原発そのものの問題が解決しないこと」を指摘されると、どれだけデマや差別的言辞を温存する空気を覆そうにも、全ての価値観がネガティブなものへと覆されてしまう構造があります。

つまり、「福島第一原発の事故現場」が福島と差別の問題の「最終審級」になっている。福島第一原発の事故現場の問題が未解決、不確実だという話を持ち出せば、「だから福島についての『不安』な気持ちから事実と違うことを多少言っても、事実を伝えようとする人を暴力的に口封じしても良いのだ」という基準点になってしまっている側面があります。

私（開沼）は2016年6月に刊行した『福島第一原発廃炉図鑑』（太田出版）などでたびたび福島に関するデマ・差別的言辞について扱ってきましたが、その中で明らかになったのは、福島第一原発の事故現場そのものが様々なデマ・差別的言辞の対象となり、それを許容する理由付けにたびたび利用されてきたということです。「福島第一原発で火の玉が見える」「その周辺で奇っ怪な見た目をした巨大魚など異常生物が捕れる」「先週から福島第一原発周辺で放射線量があがっているぞ！」「実は大量の外国人が強制労働させられていて、死者も出ているが隠蔽されている」等々、すべて、少し調べれば事実に反するデマであることがわかりますが、その都度社会はざわつきます。「オオカミ少年」はいなくなりません。

過剰な政治問題化・過剰な科学問題化

「3・11後の福島の問題」はとても複雑で、ずっと状況を追い続けてきたり集中的に学ぶ機会を得た経験のある人以外には、容易にその全体像を理解したり議論したりすることができない対象になっています。

背景には、2つの壁があります。

1つはこれが過剰に政治問題化しているということ。冷静に事実関係を見ようとし

ても、あるいは純粋に福島の問題の解決に向けてできることはないかと行動している
だけでも、「お前は原発推進か、反対か」「放射線・被曝問題について危険側の立場
で語ろうとするのか、そうではないのか」という踏み絵を踏ませようとする人びとに
絡まれて面倒なことになる。Fact（事実）よりも Opinion（主張）が、Fairness（公平性）
よりも Justice（正義）が優先され、公平な目で事実を見ることで問題を解決しようと
する動きが潰されていく。本書の他の方々の論考でも繰り返し触れられた壁です。

　2つ目は過剰に科学問題化しているということ。これは細かい説明は必要ない
でしょう。放射線の話ならセシウム・ストロンチウム・トリチウム、廃炉の話な
らサプレッションチェンバー・ペデスタル・サブドレン等々、普通に生きていた
ら一生知る必要のない言葉を聞いて、瞬時にその科学的背景を思い起こせなけ
ればならない。例えば「あ、ここでセシウムという言葉が出てきたということは、
セシウム 134 とセシウム 137 のうちのこちらの話をしていて…」などとその専
門用語の意味やその上に蓄積されてきた知見を知らないとついていけない。人
文・社会科学の中では「私たちは世界を言語で理解する」という言い方があり
ます。これは「言葉の響き」を知っているということではなくて、「その言語の背
景にある意味・蓄積」を知っているということ、それこそが世界の理解につなが
るという意味です。「セシウム」という響きは多くの人が知っていても、その背景
にある意味・蓄積を瞬時に想起できる「専門家、それに類する人」とそうではな
い人に大きな格差がある。これが過剰な科学問題化です。

　福島第一原発の事故現場とその廃炉の問題は、様々な福島の問題の中でも、
最も扱いが難しい。それは、この2つの壁が最も高くその前にそびえ立ってい
る問題だと言い換えても良いでしょう。そして、その壁を乗り越えて「最終審
級」を、皆で捉え直す作業をすることなしには、3・11後の福島と差別の問
題を根治することは難しいでしょう。

１階と２階

　もう少しだけ前置きをします。

3・11から７年近くたった現在の福島の問題を捉える時に、２階建ての家を想像いただくと状況が整理できるかもしれません。福島の問題は２階建て構造になっています。２階には行政単位としての「福島（県）」の問題がある。例えば、いわゆる「風評」の問題は福島県全体に及びます。復興予算の配分なども福島県という単位で行われるし、さまざまな統計の取りまとめもこの単位でなされます。一方、１階には「福島第一原発とその周辺地域」の問題がある。福島第一原発の廃炉をどうするのか、周辺地域の避難指示を経験した12市町村をどうするのか。より地面に近い、根本にある問題です。

　この２階と１階の関係は（上部構造と下部構造と読んでも良いですが）１階（下部構造）でトラブルがあって揺れれば２階（上部構造）も揺れる。一方で、１階（下部構造）がきれいに片付き安定すれば２階（上部構造）も安定する。そういう関係にあります。

　２階は片付けが終わって日常に戻りつつあり、１階の片付けが本格化しつつあるのが現状です。２階と１階の状況は大きく異なってきています。しかし、１階も２階も一緒くたに見られてしまいがちです。もし福島第一原発の廃炉現場で何かがあったら福島全体に問題があるかのようなデマが流れ、差別的言辞や行動が生まれます。例えば、2017年２月に、福島第一原発２号機の内部の状況を調査するロボットが650Sv（シーベルト）の線量を測定しました。これは、新たに放射線量が上がったわけではなく、線量の高いところにやっと調査の手が伸びたという「作業の前進」を示すものでした。しかし、あたかも福島全体の放射線量が急上昇しているかのような情報が流れた結果、韓国の航空会社が福島空港に飛行機を飛ばす予定を取りやめるという「科学的な根拠もなく福島を忌避をする」差別的な動きが出ました。

　ここまでの７年間の問題は「２階部分の掃除」が中心でした。「福島」という単位で避難や雇用や医療福祉やその他もろもろの問題に取り組むことがメインの作業だった。しかし現在、それは「福島第一原発とその周辺地域」に移りつつあり「１階部分の掃除」が中心になっています。

　たとえば、福島第一原発の中では原子炉内の溶け落ちた燃料の取り出しに向けて、その場所の特定・作業工程の策定が具体的に進んできました。また、原発周辺の自治体を見ても、現時点で完全に人が住んでいないのは、かつて

は避難指示がかかった自治体が12市町村あった中で双葉町だけ。例えば、福島第一原発の1－4号機がある大熊町にも東電の700戸の社宅ができて人が住みはじめ、その周辺に公営住宅ができて住民の帰還が始まろうとしている。そういった場所での新たな生活拠点の構築が喫緊の課題になっています。

　これからの福島のこと、差別の問題を考える上で、事故現場で続く廃炉の問題を捉え直すため、以下ではその現状について確認していきます。

⑵ 福島第一原発廃炉の根本問題「何が分からないかが分からない」

　定期的に福島第一原発の廃炉の問題はニュースで取り上げられます。汚染水対策のこと、原子炉内部を調査するロボットのこと、廃炉にかかる予算のこと等々、様々な話題があります。ただ、どのニュースも「失敗した」「想定外の事態だ」などとネガティブな観点からの情報が多いと感じている人も多いかもしれません。しかし、廃炉の作業が百パーセント何も進んでいない、すべてがトラブル続きでトラブルが収束し状況が改善した事例がない、ということなのかというと必ずしもそうではありません。

　例えば、視察などで廃炉現場に行った人がよく言うのは、多くの場所が普段着のまま入れる状態になっていて驚いたということです。この点1つとっても、被曝のリスクがここ数年で急速かつ大幅に下がったことは明らかです。当初は福島第一原発の構内に入る前から何重も手袋や靴下、タイベックと呼ばれる白い防護服を着なければならない状態だったのが、いまは事故を起こした

建屋の横まで普段着のままバスにのって見に行くことができます。この背景では多大な現場の努力があったことは言うまでもありません。

　福島第一原発の廃炉の問題については「すべてが解決したわけではない」のは当然ですが、一方で「全く進んでいないわけではない」のも事実です。何が進んで、何が進んでいないのか確認していく必要があります。

　「進んでいること」と「進んでいないこと」を比べるならば、「進んでいること」のすべてを、ここでまとめるほうが困難です。7年という時間の中で、あまりにも多くのことが進んでいるからです。

　なので、まず、「進んでいないこと」、その中でも最も根幹にあるものを理解する必要があります。

　最も進んでいないことは「何が分からないかが分からない」状態にあるということです。

　「福島第一原発廃炉の最大の問題は何だと思うか」と問われたら、どう答えるでしょうか。もちろん、汚染水対策も、原子炉内部で溶け落ちた燃料（燃料デブリ）の取り出しも、廃棄物の処理も大きな問題です。ただそういった個別の問題を俯瞰した時に根幹にあるのが「何が分からないかが分からない」ということです。

　ここには2つの意味があります。1つ目は福島第一原発の事故を起こした原子炉内部の状況について「何が分からないかが分からない」ということ。福島第一原発の原子炉内部の状況はまだ分かっていない部分が多くあります。よく「溶け落ちた燃料がどこにあるのか分かっていないのでは」という言い方がされますが、そこについては多くのことが分かってきています。燃料がいつから溶けはじめていつまで核分裂反応が続いたのか、原子炉内部の配管のどの部分の放射線量が高いか低いかなど複数のデータを見比べる中でどこにどのくらいの溶け落ちた燃料があるのかは想定できています。ただ、問題はもっと細かい部分です。例えば、その溶け落ちた燃料を取り出すためには、放射線量が高いのでロボットを原子炉内部に入れる必要があります。ロボットを未知の環境に入れるのは極めて困難です。もし想定外の数ミリの段差があればそれだけでロボットは動けなくなることがあり得る。人間と比べて環境適応能力が低いのがロボットの特性としてあるわけです。内部環境の詳細が分から

ない中で、極めて細かく、慎重さが求められる高度な作業を進めなければならないという現実の中で「何が分からないかが分からない」ことは致命的な問題です。

　２つ目は、私たち自身が「何が分からないかが分からない」状態にあるということです。先に例を出した、原子炉内部をロボット調査する中で650Sv（シーベルト）が発見されたこともそうです。元からそこに存在した650Svが発見されたが、それは原子炉外部に漏れ出ているものではないので問題はない。にもかかわらず、「650Svが新たに発生するような非常事態になった」という捉えられ方をしてしまいます。その誤った認識をマスメディアに止める力はありませんし、廃炉を進める主体である東電や資源エネルギー庁、専門家から明確な説明があり事実の認識が変わるわけでもありません。私たちは冷静に、客観的に事実を見極める知見も情報も持たぬままにこの廃炉の問題を扱うことを強いられている状況にあると言っても良いでしょう。「何が分からないかが分からない」ままに話を進めれば、「よく分からないからとりあえず大騒ぎしよう」とか、「立ちすくんでしまう」という反応になってしまうこともあります。「何が分からないかが分からない」状態の解除を進めないことには、個別の問題の解決の道はなかなか見えません。

⑶
３つの「典型的な声」

　では、いかに「何が分からないかが分からない」状態を解除していくのか。
　まずは、廃炉への素朴な思いを言語化していく、その場を用意することが必要です。私自身、まだ作業が途中ですが、徹底的に、住民がもつ福島第一原発の廃炉についての様々な不安や不満、疑問や要望を聞き取る作業を続け

ています。『福島第一原発廃炉図鑑』の執筆時や2017年7月2日に広野町で行われた「第二回福島第一原発廃炉国際フォーラム」の開催にあたり、住民の意識の調査を断続的に行ってきました。

そういった作業の中では様々な声が飛び交いましたが、あぶり出された最も「典型的な声」は以下の3つでした。

1) 再び爆発事故が起こらないか。再避難が必要な事態になったりしないか

2) 廃炉作業を進める中でトラブルが起こらないか

3) どういうスケジュールで廃炉作業が進み、いつ終わるのか

ここではこの3つの問いについて、理解しておくべき事実を端的に提示したいと思います。

再爆発・再避難はありうるのか

まず、「1) 再び爆発事故が起こらないか。再避難が必要な事態になったりしないか」についてです。

これは仮に「再び爆発事故が起こる」とするならば、それがどのような時なのか理解していくことが重要です。再び爆発事故が起こる可能性としては「原子炉内の水の温度が再び上がりだすこと」「水素爆発すること」「再臨界すること」の3つがあります。

1つ目の「原子炉内の水の温度が再び上がりだすこと」について、まず、現状を理解するために以下の表をご覧下さい。

(2017／8／1　12:00)	1号機	2号機	3号機
温度 (℃)	25.7 〜 25.9	31.7 〜 32.1	27.8 〜 29.8
注水量 (m³/h)	3.1	2.8	2.9
水素濃度 (%)	0.00	0.02	0.00 〜 0.01

(http://www.tepco.co.jp/nu/fukushima-np/f1/pla/index-j.htmlより作成)

これは、東京電力が公表している原子炉内のデータをまとめたものです。

最初に見るべきは１－３号機の原子炉内部の温度ですが、ご覧いただければ分かる通りそれぞれ2017年8月1日現在で30度前後。つまり、おおよそ建屋外の気温と同じくらいです。

　改めて言うまでもなく、この「原子炉内の水の温度」が上がっていくと問題があるし、そうでなければ問題ありません。

　3・11の原発事故がいかに起こったのかというと、水を循環させて原子炉内部を冷却する機能が津波によって壊れて、原子炉の温度が上がり、建屋内の水が沸騰して、核燃料が溶け出した。そして、「水ジルコニウム反応」と言いますが、その核燃料の表面を覆うジルコニウムという金属が溶ける際に水素が発生しました。これが爆発したのがあの「水素爆発」です。

　では、「原子炉内の水の温度が再び上がりだすこと」が実際に起こるためには何が必要か考えてみましょう。これは簡単で、水で原子炉内部が冷却されないように「注水を止める」ということです。いまも福島第一原発の原子炉内部の燃料はエネルギーをもっているので注水を止めれば温度は上がります。

　繰り返しになりますが、3・11の原発事故の際は、津波で原子炉内に水を循環させて冷却する機能が壊れて、水温上昇→沸騰・燃料露出→燃料溶融→水素爆発というプロセスをたどったわけです。つまり、最初の「津波で原子炉内に水を循環させて冷却する機能が壊れ」ずに、原子炉内の温度を保つことができれば爆発に至りえません。

　では注水が止まることはあるのか。この点は、さすがに事故を起こした根本原因ですので、例えば、3・11の際は、電源が津波で水に浸かった結果使えなくなったわけですが、津波がこない高台に電源供給車を置くなど、様々な想定のもとで対策が進みました。

　それでも、何らかの想定不可能な理由で注水が止まったとすれば、また爆発するのではないか、という懸念もありえます。しかし、それでも、3・11と同様の再爆発は想定しづらい現状があります。それは、もはや、原子炉内に残る燃料には、即座に再避難が必要な爆発事故が起こるほどのエネルギーはない、という再爆発に至る上での根本的な事実があるからです。

例えば、3・11の際は、注水が止まって数日のうちに、水温上昇→沸騰・燃料露出→燃料溶融→水素爆発というプロセスをたどったわけです。しかし、いま同じことは起こりえません。

　先ほどの表の注水量というところをご覧ください。現時点で各原子炉には、1時間あたり3㎥ほどの水が注水されていることがわかります。これがどの程度の量か、なかなか想像がつかないかもしれませんが、例えばいまもたまに街なかにある電話ボックスを思い浮かべて頂ければと思いますが、あれは2㎥ほどです。あれが1.5個分ぐらいの分量の水を1時間かけてちょろちょろかけている。これが多いのか少ないのかはそれぞれの感覚によるでしょうが、巨大な容積をもつそれぞれの原子炉に対して言えば極めて僅かな量の水で、原子炉内の冷却を実現できていることがわかります。

　3・11の時は、注水がとまったその日に原子炉内の温度は急上昇し、数日のうちに水温上昇→沸騰・燃料露出→燃料溶融→水素爆発のプロセスを辿りました。しかし、仮に、いま注水を止めても、同じことは起こりません。具体的に言えば、水温上昇→沸騰・燃料露出の部分だけでも少なくとも数ヶ月以上の時間をかけなければならない。それほど、溶け落ちた燃料のエネルギーが下がっている現状があります。これが「もはや、原子炉内に残る燃料には、即座に再避難が必要な爆発事故が起こるほどのエネルギーはない」と先に申したことです。

　そんなわけで「原子炉内の水の温度」が再び上がりだすことはありえないし、万一何らかのトラブルでそうなったとしても、実際に燃料の露出などがはじまるまでに十分な時間があるため対応の方法は様々にあり得る。これが「原子炉内の水の温度が再び上がりだすこと」が「再避難が必要な爆発事故」につながることが考えにくい理由です。

　2つ目の可能性は「水素爆発すること」です。福島第一原発は原子炉内の温度の上昇は少ないわけですが、実は現在も原子炉内部の様々な反応の結果、微量の水素が発生しています。この水素が貯まっていくと爆発することはありえます。これは温度上昇よりも直接的に再爆発につながりえる話にも見えます。

　ただ、ここについては、そうならないための対策が取られるようになっています。

　対策の中で一番大きいのは窒素の注入です。現在の福島第一原発1〜3号機

では、建屋の中に窒素の注入がなされています。窒素は、私たちのまわりに普段から大量にある気体であることは多くの人がご存知でしょう。窒素には、水素のようにその気体自体が爆発する性質や、酸素のように燃焼を助ける性質はありません。これを建屋に注入すると何が起こるかというと、仮に、建屋の中に水素が充満していても、質量の最も軽い元素でもある水素が上のほうに追いやられて隙間から外に出ていきます。結果的に、建屋内の水素濃度がさがり、爆発のリスクはさがります。これは先ほどの表に「水素濃度」として記載されていますが、現在の水素濃度は 0.1 未満ということで、爆発に至る可能性は極めて低い状況です。

　3つ目の可能性は「再臨界すること」です。よくインターネット上で繰り返されるデマで「実はいま福島第一原発では再臨界が起こっている!」などと盛んに煽られることですが、改めて言うまでもなく再臨界など起こっていません。3・11 以降、「臨界」という言葉が一般にも知られることになり、イメージが独り歩きしている部分がありますが、通常、臨界はそう簡単に起こるものではありません。原発の運転の際も、様々な手段を講じてやっと臨界に至っています。詳しい話をしだすときりがないのですが、現在の原子炉の内部で臨界が起こる可能性は極めて低く、じゃあ、仮に起こったとしても、前記の通り、再びそれが「原子炉内の水の温度が再び上がりだすこと」「水素爆発すること」につながるかというとそれ自体も簡単ではありません。

　それでもトラブルが不安だという方は、注目すべき数字があります。

　それが、ここで提示するデータです。原子炉内の温度が上がっていないか、水素濃度が上がっていないか、キセノン濃度が上がっていないか。例えば、そういった基本的な数字は常に、リアルタイムで最新のデータが公開・更新されています。また過去のデータもアーカイブされています。一番わかり易いのは東京電力の「プラント関連パラメータ（水位・圧力・温度など）」（http://www.tepco.co.jp/nu/fukushima-np/f1/pla/index-j.html、2017 年 8 月 1 日 URL 取得）のページ。ここを見ることで「1) 再び爆発事故が起こらないか。再避難が必要な事態になったりしないか」について理解を深めることができるでしょう。

廃炉作業上のトラブル・リスク

　次に、「2) 廃炉作業を進める中でトラブルが起こらないか」という点です。

　これは、起こりえます。起こりえるので、現場での作業をする東電をはじめとする廃炉を進める主体では十分な対策を進めることがまず重要。その上で、私たち自身も、どのようなリスクがどの程度あるのか、トラブルが起こったらどういう情報を参照すべきか把握しておくことが必要です。

　2011年から現在までの7年間の廃炉作業の中では、さまざまなトラブルが実際に起きてきました。一方、それを少しでも予防しようと対策がとられ、数・質ともに改善してきた事実もあります。例えば、汚染水の海への漏出や熱中症のような人命に関わる労働災害などは当初は大きな課題でしたが、現在までに、それら当初の「大きな課題」は「小さな課題」となり、また別な「大きな課題」に取り組むべき状況になってきています。

　新たな「大きな課題」とは、これから廃炉作業が溶け落ちた燃料の取り出しをはじめ、より核心に迫ると発生する新たなリスクのことです。福島第一原発の敷地内では、作業が進むごとに増えていく廃棄物の管理などが「大きな課題」、新たなリスクになります。そのような中、特に一般住民から懸念されるのは、福島第一原発の敷地の外に汚染が出るような事態になることでしょう。つまり、また放射性物質が福島第一原発の敷地外に飛び散るようなことがあれば、農業に悪影響があるかもしれないし、外をまたマスクをつけて歩かなければならないかもしれないし、漁業や海水浴もまた振り出しに戻ってできなくなるかもしれない。それは一大事です。

　この敷地外への汚染の拡大というのは、具体的に言うと「原子炉建屋の中などにある高濃度汚染水が海に出る」か「溶け落ちた燃料の取り出し作業などで生まれたダストとともに高線量の放射性物質が大気中に出るか」の2点を指すととらえればよいでしょう。この2点についていかにとらえればよいか。

　まず、「原子炉建屋の中などにある高濃度汚染水が海に出る」という点については、「1つのループ、3箇所の井戸、2つの壁」が重要です。

　「1つのループ」とは先に触れた水の循環のことです。原発の建屋の中にある水

＝「滞留水」を一度建屋の外に出し、それをまた建屋の中に戻します。ここに燃料の冷却という意味があることは先に触れましたが、もう1つ、「水の浄化」と「水の増加の抑止」という意味もあります。滞留水は、建屋の中に溶け落ちた燃料と直接触れた水ですから、当然、放射性物質による強い汚染があります。この汚染をどうとるかというと、考え方としては水道水を浄化するのと大きな原理としては同じで、「多核種除去設備」などと呼ばれるフィルターを通すことで浄化します。

　さらに、「水の増加の防止」です。原発の建屋の中にある水＝「滞留水」は常に増えています。なぜかというと、山側（福島第一原発の西にある阿武隈山系の方向）から海側にかけて大量の地下水が流れていて、それが建屋の下に流入しているからです。この分、水が毎日増えるので、増加分を抜き取って保管する必要がある。この水が、福島第一原発敷地内に大量に建てられたタンクに貯められています。水の循環の中で浄化をし、増加分の水の抜き取りをしています。

　ただ、それだけでは限界があります。例えば、梅雨など大雨が降ると地下水の量が一気に増えてしまいます。原発の建屋の中に水が入るのを可能な限り防ぐことが必要なのに、その対策ができません。そこで、「3箇所の井戸」が重要になります。これは、建屋の手前の山側に地下水バイパスという井戸、建屋の周辺にサブドレンという井戸、建屋と海の間にウェルポイント、地下水ドレンなどと呼ばれる井戸、この3箇所の井戸を設けることで、地下水位を調整しています。地下水位があがって建屋の中に入ったり、海に漏れ出たりするリスクを回避しています。

　ただ、リスク回避は多重化したほうが良い、という考えのもとさらなる対策がとられています。それが「2つの壁」です。海に建屋内の高濃度に汚染された滞留水が出ないように、地下に2種類の壁が作られています。1つは福島第一原発の建屋の近くの岸壁のところにできた「海側遮水壁」、もう1つが、建屋のまわりを囲うように作られた「陸側遮水壁」、いわゆる「凍土壁」です。海側遮水壁は既に2015年に完成して、現在では大きなトラブルなく、海への地下水の漏出をおさえています。「陸側遮水壁」については試行錯誤がありましたが、現在、完成に向けた最後の作業が進もうとしています。

　これらを通して、「原子炉建屋の中などにある高濃度汚染水が海に出る」こ

とがないよう対策がとられています。

　その上で、もし、何らかのトラブルがあったらどうなるのか。確認すると良いのは、福島第一原発敷地周辺の海の放射性物質の状況です。例えば、直近のデータ、どの部分でどのくらいの放射性物質があるのかという詳細は「福島第一原子力発電所周辺の放射性物質の分析結果」(http://www.tepco.co.jp/decommision/planaction/monitoring/index-j.html)というページに出ています。もし何かトラブルがあったらここの数値が上昇します。過去のデータのアーカイブもあるので、比較も可能です。ぜひこちらをご覧ください。

　一方、「溶け落ちた燃料の取り出し作業などで生まれたダストとともに高線量の放射性物質が大気中に出るか」については、作業を進めながら随時対策が進められていきます。基本的な考え方としては、可能な限りカバーをかけたり、飛散防止剤を撒いてダストが飛び散らないようにしたりといったことで抑止してきたし、これからもそれが続きます。また、溶け落ちた燃料の取り出しの作業では、水に浸した状態で作業をすることで、小さなチリ・ホコリが出てもそれが水の中にとどまるようになる、といった対策も考えられています。

　こちらについても、もし、何らかのトラブルがあったらどうなるのか、見るべきデータ自体はシンプルで難しいものではありません。

　1つは、福島第一原発構内の放射線量を見ることです。当然、トラブルがあったら、構内の放射線量がまずあがります。それは、「福島第一原子力発電所構内でのモニタリングポスト計測状況」(http://www.tepco.co.jp/nu/fukushima-np/f1/index-j.html)を見ればわかります。

　もう1つは、「敷地境界」を見ることです。福島第一原発の構内と外との境界線を観察しておくと、もし福島第一原発の敷地の外に汚染が広まる場合はここに数値の変化が訪れるわけです。それを確認できるのが「福島第一原子力発電所敷地境界付近でのダストモニタ計測状況」(http://www.tepco.co.jp/nu/fukushima-np/f1/dustmonitor/index-j.html)です。両者に特に変化がなければダストが大気中に出て、それが福島第一原発の敷地外にまで悪影響を及ぼす状況にないことが確認できます。

いつ終わるのか

　最後に、「3) どういうスケジュールで廃炉作業が進み、いつ終わるのか」という点です。

　これは、一応、公式に発表されているスケジュールがあります。「東京電力㈱福島第一原子力発電所の廃止措置等に向けた中長期ロードマップ」（中長期ロードマップ）、そこに技術的根拠を与える「戦略プラン」。細かい話はいろいろありますが、政府・東電・原子力損害賠償廃炉等支援機構等がねりあげたもので、定期的に改定されています。

　これによれば、廃炉は2011年から30〜40年かかるとされています。新聞等で報道される際も、これに基づき「30〜40年」という数字が言及されることはしばしばあります。

　ということなんで、「中長期ロードマップ」と「戦略プラン」に詳細が書いてありますので読んでおいて下さい。以上。

　…と言って済ませられれば楽ですが、これは、多分それで済む話ではないからややこしいのですね。

　恐らく、「中長期ロードマップ」や「戦略プラン」の内容についてこれまでの説明だけでは多くの人が理解していないし、納得していない現状があります。「3) どういうスケジュールで廃炉作業が進み、いつ終わるのか」という疑問に明確に答えられる人はほとんどいないのではないでしょうか。

　背景には2つ要因があります。1つ目は、単純で、「中長期ロードマップ」にせよ「戦略プラン」にせよ、かなり高度な技術的な話の蓄積でできているので普通の人が理解しやすい議論にはなっていない。専門家向けに作られた、読み解くのに相当な前提知識が必要な議論なので30〜40年という数字が独り歩きしている状況があります。

　もう1つ、廃炉主体の側でもこの30〜40年という数字に明確な根拠があって言っているかはわからない曖昧な部分があるということです。まだ溶け落ちた燃料の取り出しがどのような方法で、どれだけかかるのか、廃棄物をどう処

理するのかといった具体的なことが見えていないなかで言えることには限界がある。本当に30〜40年で終わるのか、とりあえず、のゴール設定をしているがそのプロセスが不鮮明なままになっているわけです。

　後者は今後作業の進捗の中で改善していくでしょう。しかし、前者はなかなか廃炉主体の側から改善する動きが出てくるのを期待するのは難しいかもしれません。ただ、ずっとそう言っていても、廃炉のスケジュールやゴールへの私たちの疑問はなくせません。

　ここでは、30〜40年という数字が曖昧であることを踏まえつつも、そのゴールがいかなるものと捉えられるのか簡単にまとめます。

　30〜40年という数字に対して「そんなの無理だ。本当は1F廃炉なんて何百年もかかるんだ」「チェルノブイリみたいにコンクリートかけて石棺にして放っておけば良い」といった言葉を聞くこともあります。

　結論から言えば、その見方は正しくもあるし、間違いでもある見方です。

　どういうことか。この作業が「土木工事の工程」と「リスク低減の工程」との二層のスケジュールのもとで動いているということを理解することが重要です。ちょっとむずかしいかもしれませんが、この「二層のスケジュール」という視点をもつと、恐らく多くの人が疑問を持っている「結局、1F廃炉はいつまで続くのか」という「ゴール設定の問題」を理解しやすくなります。

　1F廃炉の作業は、ゴールまで30〜40年の時間を見込んでスケジュールが立てられています。しかし、現実的なゴールはそれより長くもなるし、短くもなります。

　まず、土木工事の総体としての1F廃炉は30〜40年では収まらない可能性は高いと言って良いでしょう。例えば、1F廃炉作業の本丸である格納容器内の溶け落ちた燃料の取り出しがあと10年、20年かけて順調に終わったとしても、その後の残り作業がスムーズに進むかというと話はそう簡単ではありません。そこで取り出した溶け落ちた燃料をどこでどう保管するのか。高い放射線量を持っている建屋をどう解体し、そのガレキをどこに廃棄するのか。そういった「放射性廃棄物処理の問題」は、普通の廃棄物のように「ゴミが出ました。燃やして埋めておきますね」では済みません。どこでどう、どんな

安全基準のもとで処理をしていくのか、細かい住民の合意形成が必要になり、技術的な解決以上に時間がかかる可能性が大きい。１F廃炉のゴールが、「土木工事として」あの地が更地になること、つまり廃棄物処理を完了することだとすれば、その先行きは極めて見通しづらいと言わざるを得ないでしょう。

　そう考えると30〜40年という「公式見解」がまやかしに見えるかもしれません。

　ただ、それはそれで一面的な見方です。１F廃炉の作業の工程は必ずしも「更地を目指すことが最優先のゴール」として進んでいるわけではなく、そうあるべきかというのも議論の余地があります。

　廃炉の作業は、更地を目指しつつも、最も現場で優先されているのは「事故炉である１Fそのものが持つリスクを低減すること」です。つまり、「汚染水が海に出ないか」「原子炉内に残る放射性物質が外に飛散することはないか」「再び水素爆発するようなことにならないか」といったリスクを下げる作業がそれです。当然、不安定な状態にある溶け落ちた燃料を取り出すというこれからの作業もその流れの中にあります。

　では、「リスク低減の工程のゴール」はどこにあるのか。わかりやすく一言で言うならば「すべての住民が再避難や農作物等から放射性物質の汚染がでることを心配しないで暮らせること」だといっても良いでしょう。そして、そのゴールには30〜40年もかけずに至ることができる可能性は低くはありません。

　そういったリスクを下げ、なくしていくことはこの７年でも目覚ましく進んできたと言って良いでしょう。例えば汚染水の海への漏出で言えば放射性物質の量ベースで事故当初の100万分の１規模、飲用水の国際基準もクリアするレベルになっています。作業員の被曝量や熱中症等労災の状況も大幅に改善して現在に至っている。このように、具体的なリスクを潰していくことで、１F廃炉は「リスク低減」という点では早期に望むべきゴールに近づいていくことは可能です。そして、そのゴールは私たち自身も積極的に提示していくべきでしょう。そのためには、一定の知識を持って住民同士が議論をできる状態を作ることも大切でしょう。残念ながら現状はそれには程遠い状態と言わざるを得ません。

　ここまで、誰でも手に入れることができるデータをいくつか示してきました。これらのような「オープンデータ」を自ら確認しながら、現在のリスクが

どうなっているのか、今後どうするべきか考えられる人が少しでも増えること
が、廃炉問題の解決、そしてデマ・差別が拡がらないために不可欠なことで
す。現時点でデータを出す主体には東電など廃炉主体が多いですが、私たち
自身がデータを測り、共有する方法も模索されていくべきでしょう。

どういう未来に向かうか

　福島第一原発の事故現場の現状がどうなっているのか、未来がどうなるべきか、
というのは、絶対ダメか完全なる成功か、0か100かという単純な話ではありません。
　例えば、「更地を目指すことが絶対的に優先すべきゴール」と仮定するなら
ば、作業員の被曝量が高くても良いことにして、溶け落ちた燃料を取り出す際
に放射性物質が大気中に飛散しまくってもOKと雑な管理でスピーディーに
作業を進めるというような方法もあるかもしれません。ただ、それでは、地域
の住民が安心して帰ってこられる環境は整わないし、何のために廃炉をしてい
るのか分からないことになります。また、「溶け落ちた燃料の取り出しを絶対に
すべきか」という点も広い視野で考えるべき問題の一つです。よく「溶けた燃
料の取り出しができないかできるか」という議論がなされますが、それは私た
ちがどうしたいかということにもよるでしょう。無尽蔵にカネをかけて、被曝リ
スクもあげても良いというならば取り出せる可能性はそれなりにあるかもしれ
ない。ただ、例えば、溶け落ちた燃料をすべてキレイに取り出すことで、作業
上の被曝リスクやダストの飛散リスクが大幅に増えたり、廃棄物も増えたりす
るということはあり得る。であれば、溶け落ちた燃料の一定量はその場に残し
ても良いのではないかという議論もあり得るでしょう。もちろん、その場合で
も、気持ちとしてはすべて更地にしてほしいという住民の声もある中でどのよ
うなシナリオがあり得るかは十分に議論されるべきです。あるいは、「とにかく
チェルノブイリみたいに石棺にすべきだ」と仮定するならば、かつてのチェル
ノブイリ原発のように上からコンクリートをかけるだけという状態がリスク管理
上、いまの福島第一原発より良い状態かというと恐らくそうはならないでしょう。

あらゆる困難なプロジェクトがそうであるように、どういう未来に向かうべきかということを、刻一刻と変化する状況を踏まえながら、どれだけリスクがあって、そのためにどこまでコストをかけるべきかということを考えながら調整していくことが重要です。そういう大局観を持った上で廃炉の問題を見ることが、デマや差別的言辞に振り回されず、事実を踏まえて皆がしあわせになるための道を切り開いていくことにつながるでしょう。

あの地が100年後どうなっているか。まだそんなことを考えるのは不謹慎だと思う人もいるかもしれません。ただ、そこは私たちがそのゴールへの想像力を持ち、考え、知り、決めていくべきことです。その中で絶望に見えがちな福島第一原発の事故現場に希望が生まれていくはずです。

まとめに代えて

　２つの原子炉建屋が爆発で吹き飛び、３つの原子炉がメルトダウンするという未曾有の大事故でした。それが社会にもたらした衝撃は甚大です。原子力発電は、安全性をめぐる科学技術のテーマであると同時に権力性のからんだ政治のテーマでもありますし、ある意味で思想的なテーマとしても論じられてきましたから、その影響は複雑です。

　原子力発電を推進してきた政治勢力や原子力産業界のダメージはいうまでもなく決定的です。東京電力は政府の財政支援でかろうじて破産を免れている状態ですし、東芝の経営破綻にも福島事故が間接的に影響しています。新規建設はもちろんのこと既設原発の再稼動も簡単でなく、各地で提起されている裁判も体制側にとっては「予断を許さない」形勢でしょう。政府や電力会社は従来から「反原発」を「反体制」と同一視するような傾向があり、反原発イコール反権力、イコール左翼ないし極左、といったような図式でその政治的背後関係を詮索するようなこともしてきました。しかし今度の事故でその種の見方や対応はもう通用しなくなったことを、さすがにかれらも認識しているでしょう。相変わらず古い政治図式に執着している向きがもしあるとすれば、不見識な時代錯誤というべきです。これだけの被害を生んだ事故ですから、いまさら反原発活動家の素性調べなどにエネルギーを費やすなど愚の骨頂です。「福島のために全力を尽くす」を単なる謳い文句に終わらせないよう、責任主体としての義務を遮二無二果たしてもらわなくてはなりません。私（清水）自身は、真面目に責任を感じて福島の復興・再生に取り組んでいる技術者や当局者が個々には少なくないと見ていますし、そこに希望や期待を寄せてもいいと思っています。

　では当の反原発サイドはどうでしょうか。抽象的にではあれ警告していた大事故が果たして起こりましたので、確信と自信が深まったことは間違いありません。法廷になぞらえてみれば、原告席から被告（国や電力会社）の不当性を訴

えていた立場の人が、裁判官の席に就いて被告の罪を裁く立場に転じたような景色です。

　かつてチェルノブイリ原発事故のあと、女性層を中心に原発批判の炎が燃え上がった時期がありました。しかし当時はまだ日本人にとって原発災害は対岸の火事でしたし、情緒的な危険意識を基礎とした点で限界もありましたから、社会運動としての持続性をもちませんでした。それは運動としては見えなくなりましたが消滅したわけではなく、今度の福島事故で噴き出すようにして再起動したと見ることができます。ただチェルノブイリのときと決定的に違うのは、日本人自身が放射能災害の被災者になったことです。そして被災者ないし被害者とどう向き合うかということが、反原発運動にとっても問われる事態になったのです。思想的な意味で鼎の軽重を問われることになったともいえます。

　原子力発電は国策として進められてきましたし、そのための金権主義的な財政システムまで作られました。技術的に核兵器開発とも関連があります。ですから原発批判が政府批判や権力批判に結びつくのは理由のあることです。しかしそのことが福島事故後の原発批判に過度なイデオロギー色を付与することになってしまった事実は否定できません。さらにそれが放射線被曝の評価の領域にまで及んでしまったことが、事情をいっそう悪化させたと思います。

　ずっと前、私が学生のころ大学は「政治の季節」の真っ只中でした。極端にいえば、マルクス主義の徒にあらざれば人に非ずといった空気が学生社会を支配した中で、「革命のために恐慌の到来を待ち望む」心理に私を含め多くの学生たちが陥ったことを今も想い起こします。矛盾は激化してこそ変革に近づく、それが弁証法だというわけです。リアルな想像力の乏しかった学生の脳裏には、恐慌の中で苦しむ庶民の姿は、たとえあったとしても抽象的なものでしかなかったと思います。

　それと似たような状況が、福島原発災害をめぐって反原発陣営の中にいま生まれているのではないかと感じています。事故の発生を奇貨として自らの政治勢力の拡大にこれを利用しようとする者がいるのは論外として、原発の廃絶

を願う良心的な人々の心理の中に、「被害の深刻化を望む」一片の思いがないといえるでしょうか。それは自覚されない潜在意識の領域の話かもしれませんが、深刻に受け止められるべき事柄だと私は考えます。

　福島に関する悪い風評がいつまでたってもおさまらないのが隣の韓国です。韓国では従来から原発に反対するかなり激しい市民運動が展開されているようですが、かれらのなかには原発に反対するため福島原発事故の被害を意図的に誇張する傾向がある、という話を韓国の方から直接聞きました。メディアもそれを助長する役割を果たしていて、大統領が放射能被害として誇大な数字を挙げたりしていたのもその反映かと思われます。

　原発事故の後、日本の言論状況においては「無知の暴力」「匿名の暴力」「善意の暴力」が吹き荒れたといっても過言ではありません。インターネット上の匿名の書き込みの類は無責任であるだけに論者の本音を赤裸々に表している面があります。浜通りの6号国道の清掃を中高生と一緒に行ったボランティア活動に対し、「殺人行為」などと罵る声が多数浴びせられる事件がありました。現在では避難指示の解除が行われて6号線沿いのかなりの地域で住民の居住が許される状況になっています。清掃どころか子どもが居住する段階になっているのです。これをしも「大量殺人」などと罵るのでしょうか。帰還するしないは住民の判断ですし、福島の子どもの将来を一番気づかっているのは福島の親です。子どもを連れて帰還する親や、学校の再開を模索する地方自治体の首長を、殺人者呼ばわりするようなことは誰にだって許されない行為です。たとえそれが主観的には正義感のなせる業だとしても、そこまで不寛容な正義はもはや正義と呼ぶに価しない差別そのものではないでしょうか。

　事故後しばらくの時期ならともかく、いまだに「逃げる勇気をもて」などと語る人の頭の中では、福島に居住する住民は無知でだまされやすく鈍感な、あるいは逃げるに逃げられない可哀相な人間たちのように描かれているのでしょう。事故の被害を受けたうえ、上から目線で愚民扱いまでされることに、県民の多くが怒りを覚えるのは当然というべきです。

　メディアの責任も重いといえます。権力を監視するのが公器としてのマスコ

ミの使命だとよく言われます。しかしそれは反権力の立場を取るのがマスコミの正義だという意味ではないでしょう。事実をありのままに伝えることが結果的に権力の横暴を抑止することになるという意味であって、内容が政府権力にとって都合が良いか悪いかなどといったモノサシを当てて報道をしていいはずはありません。とりわけ科学にかかわる分野でそういった反権力主義が作用するのは危険です。放射線被曝の影響評価については、大手マスコミでも科学部と社会部とで記事のニュアンスの異なることがあります。社会部記者のなかにはジャーナリストというよりアクティビスト（活動家）としか呼びようのない人物をときどき見かけます。

　原発事故の被害は今後も長期にわたって継続するでしょう。放射能が長期間残存するという意味でそう言えるだけではありません。被害者の人生に執拗にまとわりつくように差別や偏見が生き続ける恐れがあるという意味でも、そう言えると思うのです。仮に時の流れとともに原発事故の記憶が風化し、ずるずると原発の再稼動が進んで反原発運動の炎があえなくしぼんでしまったとしても、この問題だけは残ります。また逆にこの事故が国家的教訓として生かされ、長期的な脱原発の道にこの国が歩みだしたとしてもなお、この問題は残ります。

　福島事故の翌年だったかと思います。長崎に呼ばれてシンポジウムで発言する機会がありました。そこで私は「福島県民はヒバクシャと呼ばれることには抵抗がある」という意味のことを言いました。これに対し長崎の人から、「私たちは同じヒバクシャとして福島と連帯しようとしているのに、それではどうやってつながればいいのですか」という発言がありました。大変むずかしい問いかけで、そのときは明確な回答ができませんでしたが、今ならこう言うことができます。「差別という同じ痛みを共有することでつながることはできないでしょうか」と。

　放射能災害からの復興とは何か、と問われれば、私の答えはいつも同じです。「災害によって奪われた憲法上の人権を、1つひとつ回復していくこと」が、いうところの人間の復興にほかなりません。そして「差別されずに生きること」

を、私は日本国憲法第13条の「幸福を追求する権利」のひとつに数えています。避難者の帰還が実現しても、要求どおりの賠償がなされても、廃炉や除染が順調に進んでも、被災者に対する差別が続くかぎり「人間の復興」は成就されたとは言えません。

　本書の「しあわせになるための「福島差別」論」というタイトルは、長時間議論してみんなで決めたものです。福島差別にカッコをつけたのは、「差別だ!」のひとことでバッサリ斬って捨てることのできない、事柄の複雑さを示唆したつもりです。また「しあわせになるための」としたのも、議論の本位・方向性をその点に据えたいからです。すべては人々（とりわけ被害者）がしあわせになるための議論であり考察です。　　　　　　　　　　（清水修二）

著者略歴

池田香代子　いけだ・かよこ

1948年東京生まれ。東京都立大学人文学部を卒業後、エアランゲン大学に留学。ド
イツ文学者・翻訳家・口承文芸研究者・エッセイスト。3.11後、自主避難者に情報提
供する活動に参加したのをきっかけに、さまざまな角度から福島に関わる。著書に
『世界がもし100人の村だったら』シリーズ、翻訳書に『ソフィーの世界』、『完訳グリ
ム童話』『夜と霧　新版』など多数。

開沼　　博　かいぬま・ひろし

立命館大学衣笠総合研究機構准教授。1984年福島県いわき市生まれ。東京大学大
学院学際情報学府博士課程単位取得満期退学。専攻は社会学。著書に『福島第一原
発廃炉図鑑』(太田出版、編著)『はじめての福島学』(イースト・プレス)『漂白される社会』(ダ
イヤモンド社)『フクシマの正義』(幻冬舎)『「フクシマ」論』(青土社)など。他に東日本国
際大学客員教授、福島大学客員研究員。第65回毎日出版文化賞人文・社会部門、第
32回エネルギーフォーラム賞特別賞、第36回同賞優秀賞、第6回地域社会学会賞選
考委員会特別賞。

児玉　　一八　こだま・かずや

1960年福井県武生市生まれ。1978年武生高校理数科卒業。1980年金沢大学理学
部化学科在学中に第1種放射線取扱主任者免状を取得。1984年金沢大学大学院理
学研究科修士課程修了、1988年金沢大学大学院医学研究科博士課程修了。医学博
士、理学修士。専門は生物化学、分子生物学。現在、核・エネルギー問題情報センター
理事、原発問題住民運動全国連絡センター代表委員。著書に『活断層上の欠陥原子
炉　志賀原発——はたして福島の事故は特別か』(東洋書店、2013年)、『放射線被曝の理
科・社会——四年目の「福島の真実」』(共著、かもがわ出版、2014年) など。

清水　修二　しみず・しゅうじ

1948年東京都生まれ。京都大学大学院経済学研究科博士課程単位取得満期退学。福島大学名誉教授。専門分野：地方財政論・地域論。関連著書『差別としての原子力』リベルタ出版、1994、『ＮＩＭＢＹシンドローム考 ─ 迷惑施設の政治と経済』東京新聞出版局、1999、『原発になお地域の未来を託せるか』自治体研究社、2011、『原発とは結局なんだったのか ─ いま福島で生きる意味』東京新聞、2012、『福島再生 ─ その希望と可能性』(共著) かもがわ出版、2013、『東北発災害復興学入門』(共著) 山形大学出版会、2013年、『放射線被曝の理科・社会』(共著) かもがわ出版、2014。

野口　邦和　のぐち・くにかず

1975年東京教育大学理学部卒業。1977年東京教育大学大学院理学研究科修士課程修了。1977年4月より日本大学助手、講師を経て現在、日本大学准教授。専門は放射化学・放射線防護学・環境放射線学。博士 (理学)。1994年9月より日本大学歯学部放射性同位元素共同利用施設の放射線取扱主任者として選任。福島第一原発事故後、福島県本宮市放射線健康リスク管理アドバイザー及び同県二本松市環境放射線低減対策アドバイザー。2011年9月〜2016年3月福島大学客員教授。原水爆禁止世界大会実行委員会運営委員会共同代表、非核の政府を求める会常任世話人。

松本　春野　まつもと・はるの

絵本作家・イラストレーター。1984年東京都出身。2006年多摩美術大学絵画学科油画専攻卒業。東日本大震災後福島県を取材し、絵本『ふくまからき子』『ふくしまからきた子 そつぎょう』(岩崎書店) を出版。絵本『おばあさんのしんぶん』(講談社) が第26回けんぶち絵本の里大賞アルパカ賞受賞。その他にも絵本の著書多数。Eテレ『モタさんの“言葉”』の作画や、教科書の表紙絵、山田洋次監督映画『おとうと』の題字やポスターなど、テレビ、出版、広告など様々な媒体で活動している。

安斎　育郎　あんざい・いくろう

1940年東京生まれ。4歳〜9歳を疎開先の福島県二本松で過ごす。東京大学工学部原子力工学科卒。工学博士。1969年、東京大学医学部放射線健康管理学教室助手、1986年立命館大学経済学部教授、1988年同国際関係学部教授。1995年より、立命館大学国際平和ミュージアム館長、現在名誉館長。文化情報事業功労者記章（ベトナム）、第22回久保医療文化賞、第4回ノグンリ人権賞（韓国）、第4回日本平和学会平和賞などを受賞。現在、被災者の求めに応じて毎月福島を訪れ、放射線環境の改善についての助言・学習・相談活動に取り組んでいる。

一ノ瀬正樹　いちのせ・まさき

1957年茨城県土浦市生まれ。父はいわき市出身、そのルーツは会津。東京大学大学院人文社会系研究科・哲学研究室教授。因果論、パーソン概念、刑罰論、確率と曖昧性、動物倫理、音楽化された認識論などを専攻。第10回和辻哲郎文化賞、第6回中村元賞などを受賞。著書に『死の所有』（東京大学出版会）、『確率と曖昧性の哲学』（岩波書店）、『放射能問題に立ち向かう哲学』（筑摩選書）、『英米哲学史講義』（ちくま学芸文庫）、論文に"Normativity, probability, and meta-vagueness"（*Synthese*, DOI：10.1007/s11229-015-09）等がある。

大森　真　おおもり・まこと

1957年福島市生まれ。明治大学政治経済学部卒。1983年テレビユー福島開局時に入社。2012年同社報道部長、同年報道局長。震災・原発事故報道の指揮をとりながら、自ら早野龍五氏、安斎育郎氏との対談などからなるシリーズ番組、「福島で日常を暮らすために」7本を制作。2016年4月、避難指示継続中の飯舘村役場に転職。同村教育委員会生涯学習課職員として、村民同士や村民と村外の人たちの交流イベントの企画運営などにあたっている。

越智　小枝　おち・さえ

1993年桜蔭高校卒業，1999年東京医科歯科大学医学部卒業。専門は内科（膠原病・リウマチ内科）。2011年インペリアルカレッジ・ロンドン公衆衛生大学院への留学決定直後に東京で東日本大震災を経験したことから災害公衆衛生に興味を持ち，世界保健機関（WHO）、英国Public Health Englandのインターンを経て2013年11月より相馬中央病院勤務。福島で起きている放射能以外の健康問題や食の問題につきオンライン記事や講演による啓発活動を行っている。2017年4月より現職。剣道6段。

小波　秀雄　こなみ・ひでお

京都女子大学名誉教授
専門領域は物理化学，コンピューターサイエンス，統計学。
退職後，サイエンスカフェでの講演，放射線に関する科学者の意識の調査研究に従事。趣味は市民オーケストラでチェロを弾くこと。

早野　龍五　はやの・りゅうご

1970年松本深志高校卒業，1979年東京大学大学院理学系研究科修了 理学博士（物理学）。スイスのCERN研究所（欧州合同原子核研究機関）を拠点に、反物質の研究を行う。東京大学大学院理学系研究科教授を経て2017年より東京大学名誉教授。2011年3月以降、福島第一原子力発電所事故に関して、Twitterから現状分析と情報発信を行うとともに，被ばくの現状を明らかにする論文を多数執筆。
新潮文庫「知ろうとすること。」を糸井重里氏と共著し、科学的に考える力の大切さを提唱。

番場さち子　ばんば・さちこ

1961年3月3日原町市生まれ（現南相馬市原町区）学習塾を経営。震災直後から子どもの居場所作りのために無料の学習支援を行い、2011年4月末までに述べ人数約800名の30キロ圏内の子どもの教育支援を行う。震災直後の2011年4月1日に「任意団体ベテランママの会」を設立。若いママや子どもたち、高齢者のサポートに奔走。2014年坪倉正治医師とともに「福島県南相馬発　坪倉正治先生のよくわかる放射線教室」を上梓し、日本語版5万冊、英語版1万冊を増刷。今迄の相談件数は1万件を超える。

前田　正治　まえだ・まさはる

1984年、久留米大学医学部卒業。同大准教授を経て、2013年より現職。専攻はPTSDに関する臨床研究、精神障がいに対するリハビリテーション。ガルーダ航空機墜落事故（1996年）、えひめ丸原潜沈没事故（2001年）等で被災者の調査・支援を担当した。共著書として、「私の分裂病観」金剛出版、「アルコール依存症の治療」金原出版、「外傷後ストレス障害」中山書店、「心的トラウマの理解とケア」じほう出版、「生き残るということ」星和書店、「PTSDの伝え方：トラウマ臨床と心理教育」誠信書房ほか

しあわせになるための「福島差別」論

2018年 1月 5日　第1刷発行
2018年 3月20日　第2刷発行

著　者　　池田香代子・開沼博・児玉一八・清水修二・
　　　　　野口邦和・松本春野

　　　　　安齋育郎・一ノ瀬正樹・大森真・越智小枝・
　　　　　小波秀雄・早野龍五・番場さち子・前田正治

発行者　　竹村 正治
発行所　　株式会社 かもがわ出版
　　　　　〒602-8119　京都市上京区堀川通出水西入
　　　　　TEL 075-432-2868　　FAX 075-432-2869
　　　　　振替 01010-5-12436
　　　　　http://www.kamogawa.co.jp

印刷所　　新日本プロセス株式会社

ISBN978-4-7803-0939-3　C0036
Printed in JAPAN